Collection de monographies scientifiques étrangères publiée
sous la direction de
M. G. JUVET Professeur à l'Université de Neuchâtel, N° VIII.

J.-H. JEANS, LL.D. F.R.S.

THÉORIE DU RAYONNEMENT ET DES QUANTA

TRADUIT SUR LA DEUXIÈME ÉDITION ANGLAISE

par M. G. JUVET

Professeur à l'Université de Neuchâtel.

PARIS

LIBRAIRIE SCIENTIFIQUE ALBERT BLANCHARD

3 et 3bis, Place de la Sorbonne

1925

THÉORIE DU RAYONNEMENT
ET DES QUANTA

Collection de monographies scientifiques étrangères publiée
sous la direction de
M. G. JUVET, Professeur à l'Université de Neuchâtel, N° VIII.

J.-H. JEANS, L.L.D., F.R.S.

THÉORIE DU RAYONNEMENT ET DES QUANTA

TRADUIT SUR LA DEUXIÈME ÉDITION ANGLAISE

par M. **G. JUVET**

Professeur à l'Université de Neuchâtel.

PARIS

LIBRAIRIE SCIENTIFIQUE ALBERT BLANCHARD

3 et 3 bis, Place de la Sorbonne

1925

PRÉFACE DES ÉDITEURS

*La première édition anglaise de cet ouvrage a paru en 1914
sous le titre de « Report on Radiation and the Quantum-
Theory » ; comme le dit l'Auteur, c'était une apologie en
même temps qu'un exposé de la théorie des quanta, car à
cette époque, les conceptions de cette théorie n'étaient
admises que par un petit nombre de physiciens.*

*Dix ans après, M. Jeans publiait une seconde édition
complètement remaniée de cet ouvrage. Il n'y a plus à plaider
aujourd'hui en faveur de la théorie des quanta, les magni-
fiques confirmations qu'elle a reçues de l'expérience et son
remarquable développement durant ces dix dernières années,
lui ont acquis incontestablement droit de cité dans la philoso-
phie naturelle.*

*C'est la traduction de cette seconde édition que nous avons
l'honneur de présenter au public de langue française. Nous
croyons qu'elle forme le complément indispensable des ou-
vrages de physique qui ont paru dans cette* « Collection de
monographies scientifiques étrangères » *et tout particuliè-
rement de l'ouvrage de Sommerfeld :* « La constitution de
l'Atome et les Raies spectrales. »

LES ÉDITEURS.

CHAPITRE I

SUR LA NÉCESSITÉ D'UNE THÉORIE DES QUANTA

Introduction.

1. — La théorie des quanta qui s'applique maintenant à plusieurs parties de la physique, a son origine dans une tentative de rendre compte du spectre du rayonnement du corps noir. Il est donc tout naturel, et conforme à notre but, de commencer le présent rapport par l'étude du problème du rayonnement. L'ordre suivi est ainsi conçu : Nous expliquerons d'abord comment la théorie des quanta a été rendue inévitable et nécessaire, étant donnés les faits connus du rayonnement du corps noir. (Chapitre I et II) ; nous discuterons ensuite le problème du rayonnement avec l'aide de la théorie des quanta (Chapitre III) et nous continuerons alors, en considérant l'utilité de la théorie des quanta pour certains autres problèmes de physique : les spectres de raies des éléments (chapitre IV et aussi chapitre VII), l'effet photo-électrique (chapitre V) et les chaleurs spécifiques des solides (chapitre VI). Le chapitre VII exposera les progrès qui ont été faits pour élucider le système général de la dynamique des quanta, après quoi un chapitre final (chapitre VIII) sera consacré à discuter la question de savoir si l'on peut trouver une base physique pour asseoir les principes de la théorie.

2. — La théorie des quanta, — cela doit être entendu dès le début — présente une séparation complète d'avec la vieille mécanique newtonienne. Jusqu'à la fin du siècle passé, la mécanique newtonienne a montré une capacité d'explication et d'interprétation pratiquement complète pour les phénomènes auxquels elle a été appliquée.

Il était naturel que la physique cherchât à faire des progrès en expliquant un nombre de plus en plus grand de phénomènes au moyen de la mécanique newtonienne. On pouvait espérer que les phénomènes qui défiaient encore les explications, seraient, — avec la découverte des lois plus profondes, — de nouvelles illustrations de la vérité du système des lois fondé sur la mécanique newtonienne.

Certains phénomènes émergèrent cependant de l'ensemble et résistèrent à de telles explications, et la conviction qu'il est nécessaire de trouver quelque chose en dehors des lois newtoniennes pour leur interprétation est maintenant fermement établie. Sans doute, la simple découverte qu'un phénomène est difficile à expliquer par les principes newtoniens, n'est pas une raison suffisante et valable pour abandonner un système de lois qui a fait ses preuves pour de vastes ensembles de phénomènes naturels ; ce que nous avons à discuter, c'est la question de savoir s'il n'y a pas certains phénomènes qui sont en contradiction flagrante avec les lois newtoniennes. Il y a un long pas entre démontrer qu'une chose est difficile et prouver qu'elle est impossible, mais si ce pas peut être franchi pour l'explication d'un des phénomènes naturels bien établis, alors la nécessité logique de rejeter l'impossibilité devient irréfutable.

Le phénomène qui fournit le type crucial le plus simple de toute la validité universelle de la mécanique newtonienne se trouve être le suivant : *Quand de l'énergie rayonnante est en équilibre de température avec la matière, l'énergie rayonnante totale par unité de volume est finie, elle n'est pas infinie.* Nous verrons presque d'un coup que ce phénomène est incompatible avec la mécanique newtonienne. Sans doute, on ne peut pas nier que le phénomène lui-même puisse être en quelque manière mis en question. On peut arguer qu'il y a au moins des possibilités pour que le rayonnement ne puisse jamais être en équilibre de température avec la matière, ou que l'énergie distincte de la matière ne soit qu'une fiction de notre imagination. Ces possibilités peuvent sans doute être discutées. On peut soutenir que la preuve mathématique est à faire : cette preuve a été donnée tout d'abord par Poincaré et la validité essentielle de son raisonnement mathématique n'a jamais été sérieusement contestée, mais cela peut ne pas entraîner la conviction absolue. Comme tout autre jugement scientifique, celui-ci résulte de la mise en balance de plusieurs probabilités. Mais l'étude des considérations posées de l'autre côté de la balance révèle, à beaucoup d'esprits du moins, une déficience totale d'arguments véritablement logiques. En tant que machines physiques, nous sommes construits à une échelle qui est de grande dimension, comparée à l'échelle des ondes lumineuses et des électrons ; il résulte de là que les premières expériences de physique de l'humanité, ont porté sur des choses d'un ordre de grandeur considérable relativement à leur structure dernière. Les principes newtoniens ont été trouvés indubitablement adéquats, suffisants, pour expliquer la série complète de ce que nous pouvons appeler les phénomènes à grande échelle, mais nous n'avons pas de raisons suffisantes, à donner pour affirmer que ces principes gouvernent aussi les phénomènes à petite échelle. La réalité paraît être que les vieilles lois ne sont pas assez raffinées – pour ainsi parler — pour nous fournir la vérité relativement aux phénomènes à petite échelle.

Etant donné que nos idées préconçues doivent nécessairement former la base dont on part pour enchaîner des réflexions, et que ces idées préconçues sont très intimement liées à la mécanique newtonienne, il paraît convenable de commencer le présent rapport par l'exposé des raisons qui nous contraignent à abandonner ce système. Dans ce chapitre, ces raisons sont discutées à un point de vue purement physique, sans l'aide de l'analyse mathématique, et par conséquent, sans preuve rigoureuse. Dans le chapitre suivant, on donne l'analyse mathématique, mais tant dans l'un que dans les autres chapitres, on a fait un effort pour que dans ce rapport, les parties mathématiques puissent être omises, sans que l'ordre des idées soit altéré, pour les lecteurs qui portent leur intérêt plutôt sur les idées physiques que sur les raisonnements abstraits.

Le phénomène crucial.

3. — Comme il a été déjà dit, le phénomène qu'il convient de considérer comme fournissant une preuve cruciale pour la mécanique newtonienne est celui-ci : *l'énergie rayonnante totale par unité de volume en équilibre de température avec la matière est finie; elle n'est pas infinie.*

Pour comprendre la signification de ce fait, et en même temps, pour préciser et pour simplifier la question autant que possible, fixons notre attention sur une enceinte aux parois parfaitement réfléchissantes dans laquelle se trouve une masse de fer à o°, C, et supposons qu'il y ait un état d'équilibre à l'intérieur de cette enceinte. Le fer rayonne constamment de l'énergie à partir de sa surface dans l'espace limité par l'enceinte et il absorbe aussi de l'énergie provenant de cet espace. Pour qu'il y ait équilibre, les échanges doivent se contrebalancer exactement. Si nous supposons, pour plus de simplicité, que le fer est enduit d'une couche de peinture parfaitement absorbante, alors en fait, chaque centimètre carré de surface rayonnera 3×10^5 ergs d'énergie par seconde dans l'espace environnant, et absorbera aussi 3×10^5 ergs par seconde du rayonnement qui arrive de cet espace vers lui. L'énergie des régions de l'espace non occupées par de la matière est de 4×10^{-5} ergs par centimètre cube; l'énergie calorifique dans le fer est de l'ordre de 8×10^9 ergs par centimètre cube, ou de 2×10^{14} fois la densité de l'énergie dans l'espace qui l'entoure. L'énergie calorifique du fer, comme nous le savons, réside dans les oscillations de ses atomes, chaque atome se mouvant avec une vitesse moyenne d'environ 3o.ooo cm. par seconde, et ce que nous venons de voir, c'est que, après que l'équilibre thermodynamique a été atteint, toute l'énergie à l'intérieur de l'enceinte résidera pratiquement dans ces oscillations atomiques.

4. — Une brève remarque nous montrera que cet état de choses est différent de ce qu'on peut attendre par analogie avec d'autres systèmes qui obéissent, comme nous le savons, aux lois ordinaires de la dynamique. Considérons, par exemple, un bassin rempli d'eau dans lequel flotte un système de bouchons (qui représentent les atomes) reliés par de légers ressorts ou par des bouts d'élastique de manière qu'ils puissent osciller les uns par rapport aux autres. Supposons que la surface de l'eau soit tout d'abord au repos. Mettons le système de bouchons en mouvement d'oscillation violent et plaçons-le sur la surface de l'eau. Le mouvement des bouchons créera des vagues sur l'eau, et ces vagues s'étendront sur toute la surface et elles se réfléchiront quand elles atteindront les bords du bassin.

Nous savons qu'à la fin, les bouchons seront au repos ; l'énergie de leur mouvement se sera transformé d'abord en l'énergie des vagues et du clapotis sur la surface de l'eau, et ensuite, à cause de la viscosité de l'eau, en énergie calorifique dans l'eau. Un état final dans lequel les bouchons continuent à osciller avec une vigueur extrême pendant que l'eau n'a pas d'énergie est impossible à imaginer; on s'attend à un état final dans lequel pratiquement toute l'énergie a passé dans l'eau.

5. — Examinons une autre analogie. Remplaçons les bouchons par des balles de plomb sphériques, réunies par des ressorts légers et sus-

pendons le système ainsi formé dans une chambre contenant de l'air. Après que le système a été mis violemment en mouvement vibratoire, fermons la chambre. Le mouvement des balles crée des ondes dans l'air, qui sont dissipées de nouveau par suite de la viscosité. Un état final où les balles oscilleraient avec de grandes vitesses serait de nouveau impossible à imaginer.

En fait, nous savons que l'état final sera tel que les sphères sont toutes au repos dans leurs positions d'équilibre, ou mieux, pour être plus précis, tel que les sphères oscilleront avec des vitesses infiniment petites dues au mouvement brownien et correspondant à des particules de leur grandeur ; pratiquement toute l'énergie aura passé des sphères dans l'air ambiant.

La théorie cinétique des gaz nous permet de suivre la transformation de l'énergie qui se trouve primitivement dans les oscillations des sphères. Dans l'état final, nous savons que cette énergie sera l'énergie calorifique de l'air. Pour simplifier la discussion, supposons que l'air soit tout d'abord au zéro absolu, — ou tout près — et supposons qu'à l'état stable la température de l'air soit T. S'il y a N molécules d'air, leur énergie dans l'état d'équilibre sera $\dfrac{5}{2}$ NRT, et s'il y a n sphères, l'énergie de leur mouvement brownien sera $\dfrac{3}{2}$ nRT, où R est la constante des gaz. L'énergie totale à l'état stable sera $\left(\dfrac{5}{2}N + \dfrac{3}{2}n\right)$RT, et T est déterminé par la condition que cette quantité soit égale à l'énergie totale des oscillations des sphères au début de l'expérience. Puisque N, le nombre des molécules, est très grand vis-à-vis de n, le nombre des sphères, il est clair que pratiquement, toute l'énergie provient du terme $\dfrac{5}{2}$ NRT. Au moment où l'état stable est atteint, l'énergie est presque tout entière transmise des sphères au gaz.

Les molécules du gaz se meuvent avec des vitesses qui sont déterminées statistiquement par la loi bien connue de Maxwell. Supposons que la position et la vitesse de chaque molécule soient connues à chaque instant, alors, par une application de l'analyse de Fourier, il sera possible de considérer le mouvement comme dû à des trains d'ondes, c'est-à-dire que, chaque mouvement moléculaire, quelque complexe qu'il soit, peut être regardé comme coïncidant à chaque instant avec le mouvement produit par un certain système d'ondes sonores dans l'air, et l'énergie du mouvement moléculaire sera exactement égale à l'énergie de ces trains d'ondes [*cf.* chapitre VI]. Si les vitesses moléculaires obéissent à chaque instant à la loi de Maxwell, on trouve (¹) que l'énergie de ces trains d'onde est distribuée suivant les différentes longueurs d'ondes conformément à la loi :

$$4\pi RT\lambda^{-4}d\lambda \tag{1}$$

Cela signifie que si l'on imaginait quelque système de résonateurs qui trieraient les mouvements moléculaires de la manière dont un spectroscope trie les ondes lumineuses; alors l'énergie par unité de volume des ondes de longueurs comprises entre λ et $\lambda + d\lambda$ serait donnée par l'expression (1). Une réserve doit être faite relativement à cette formule ; elle ne s'applique pas à des ondes de longueur égale, ou comparable, à la distance entre des molécules adjacentes. Mais on peut obtenir une bonne approximation en supposant que la formule est valable de $\lambda = \infty$ à une valeur λ_m limite, telle qu'il n'y ait pas d'ondes dont la longueur soit plus petite que λ_m. L'énergie totale est alors :

$$\int_{\lambda = \infty}^{\lambda = \lambda_m} 4\pi RT\lambda^{-4}d\lambda = \frac{4\pi}{3}\frac{RT}{\lambda_m^3}, \tag{2}$$

et l'on peut déterminer λ_m en égalant cela à l'énergie totale des molécules.

On verra que de l'énergie exprimée par l'intégrale de (2), un huitième seulement sera dû à des longueurs d'onde plus grandes que $2\lambda_m$, alors que les sept huitièmes sont dus à des longueurs d'onde comprises entre λ_m et $2\lambda_m$. Dans une chambre remplie d'air ordinaire, λ^m est de l'ordre de 10^{-7} cm. Un millionième de l'énergie totale seulement sera de longueur d'onde plus grande que 10^{-5} cm. Donc nous pouvons dire que l'énergie tend à passer presque entièrement dans les longueurs d'onde les plus courtes qui sont possibles dans le milieu.

6. — Ce résultat particulier n'est qu'un cas d'une loi tout à fait générale. Dans tout milieu connu, l'énergie de tous les systèmes qui s'y meuvent a une tendance à passer au milieu et, en fin de compte, quand l'état stable est atteint, on la retrouve dans les vibrations les plus courtes dont le milieu est capable. Cette tendance est une conséquence directe des lois de la mécanique newtonienne (chapitre II). Cette tendance ne s'observe pas dans le phénomène crucial du rayon-

____

(1) *Phil. Mag.* 17, p. 229, février 1909.

nement ; on en peut inférer que les phénomènes dus au rayonnement sont déterminés par des lois autres que celles de Newton.

7. — On peut objecter, peut-être, que les cas que nous avons considérés ne sont pas analogues au phénomène du rayonnement ; nos bouchons et nos balles ont été immergés dans un milieu matériel, alors que notre masse de fer rayonnante est immergée peut-être dans un éther non matériel, peut-être dans rien du tout. Donc on peut dire contre notre manière d'exposer les choses, que la différence entre les deux ordres d'idées ne porte pas peut-être sur l'obéissance ou la désobéissance aux lois de la mécanique classique, mais qu'elle concerne l'existence ou la non-existence d'un milieu ambiant. Nos arguments peuvent ne pas prouver l'échec de la mécanique classique, mais ils peuvent plutôt prouver la non-existence de l'éther.

On peut désirer que la question de l'existence de l'éther soit réglée par des considérations aussi simples ; malheureusement ce ne peut être le cas. La théorie de la relativité, en effet, montre qu'il sera impossible de décider si l'éther existe ou non, soit par ces considérations, soit par toute autre raison d'ordre purement mécanique ; les équations du rayonnement et de l'absorption de l'énergie sont précisément les mêmes, que l'énergie soit rayonnée, ou absorbée, dans un éther ou dans un espace vide. L'analyse que nous donnerons maintenant montrera que l'existence ou la non-existence d'un éther ne relève pas du tout de la question de la validité de nos analogies. Laissant derrière nous les analogies, nous continuons par la discussion du véritable problème en litige.

CHAPITRE II

LE PROBLÈME DU RAYONNEMENT
SUIVANT LA MÉCANIQUE CLASSIQUE

8. — Toute formule qui représente la répartition de l'énergie rayonnante dans un état stable d'équilibre dynamique avec de la matière, doit être obtenue en écrivant que la quantité d'énergie rayonnée par la matière est égale à la quantité absorbée. Si $\varphi(\lambda, T)d\lambda$ est la loi de répartition de l'énergie relativement à la longueur d'onde, il doit y avoir une équation de la forme :

$$\frac{\partial \varphi}{\partial t} = E - A \tag{3}$$

où E est la contribution due à l'émission du rayonnement et A celle qui est due à l'absorption ; l'état stable est déterminé par la condition $\frac{\partial \varphi}{\partial t} = 0$, ou $E = A$.

En général on peut prévoir qu'il y a plusieurs opérations en jeu dans les processus d'émission et d'absorption. Planck, dans le célèbre mémoire [1] où les premières conceptions de la théorie des quanta furent exposées, supposait que l'émission et l'absorption étaient accomplies par des « résonateurs » de périodes parfaitement définies. Ceux-ci ne peuvent pas, sans doute, rendre compte de toute l'émission et de toute l'absorption ; soient E_R et A_R les parties dues à leur action. Une autre partie doit provenir du mouvement des électrons libres dans la matière ; soient E_E, A_E leurs contributions. L'effet photoélectrique est un autre processus ; quand un électron est chassé, il y

<hr>

[1] *Annalen. d. Physik*, 4, p. 553 (1911).

a une absorption de rayonnement ; quand il se recombine, il y a émission. Désignons par E_P et A_P les contributions de l'effet photo-électrique. En traitant de toutes les opérations en jeu, nous aurons une équation de la forme :

$$\frac{\partial \varphi}{\partial t} = (E_R - A_R) + (E_E - A_E) + (E_P - A_P) + \qquad (4)$$

Les absorptions A_R, A_E, A_P . . devront contenir φ en facteur ; si l'on double l'énergie radiante de chaque longueur d'onde, on doit s'attendre à ce qu'il y ait le double de l'énergie absorbée. Posons donc $A_R = B_R\varphi$, etc.. En général les émissions E_R, E_E, . . . ne dépendront pas de φ, mais en traitant les choses aussi généralement que possible, nous supposerons que chacune d'elles contient un terme en φ. Posons $E_R = F_R + G_R\varphi$, etc. ; quelques uns ou tous les G peuvent s'évanouir. Nous avons donc :

$$\frac{\partial \varphi}{\partial t} = (F_R + G_R\varphi \quad B_R\varphi) + (F_E + G_E\varphi - B_E\varphi) + (F_P + G_P\varphi - B_P\varphi) +.$$

et l'équation qui donne l'état stable, obtenue en égalant le second membre de cette équation à zéro, nous donne :

$$\varphi = \frac{F_R + F_E + F_P + \ldots}{(B_R - G_R) + (B_E - G_E) + (B_P - G_P) + \ldots} \qquad (5)$$

On doit s'attendre à ce que les rapports des différents termes du numérateur ou du dénominateur, varient d'une substance à l'autre. Par exemple, F_E et $B_E - G_E$ seront petits pour des isolants ou des mauvais conducteurs dans lesquels il y a peu d'électrons, F_R et $B_R - G_R$ seront petits pour des substances qui possèdent peu de résonateurs de la fréquence considérée, et F_P, $B_P - G_P$ seront petits pour des substances dans lesquelles l'effet photo-électrique est petit pour cette fréquence. D'autre part, l'observation montre que φ a précisément la même valeur pour toutes les substances. Or pour que cela soit, quels que soient les rapports de F_R, F_E, F_P, il est nécessaire, d'après un théorème d'algèbre, que l'on ait :

$$\frac{F_R}{B_R - G_R} = \frac{F_E}{B_E - G_E} = \frac{F_P}{B_P - G_P} = \ldots = \varphi$$

ce qui donne en même temps $E_R = A_R$, $E_E = A_E$ et $E_P = A_P$.

En d'autres termes, chaque opération dans le mécanisme de l'émission et de l'absorption considéré pour lui même, doit être capable d'établir le rayonnement complet du corps noir et ne peut pas établir de rayonnement différent ; si cela n'était pas, le rayonnement du corps noir varierait d'une substance à une autre.

Algébriquement, il est sans doute concevable qu'un des mécanismes puisse avoir une si légère influence que φ, donné par (5), ait une valeur qui ne se puisse distinguer de sa vraie valeur, alors que la fraction correspondante à cette opération dans (6) ait une valeur très différente de φ. Le numérateur et le dénominateur devraient être simplement très petits. Mais physiquement cela serait incompatible avec le second principe de la thermodynamique [1] ; cela exigerait, en fait, que dans l'état final stable, l'énergie s'écoulât d'une manière continue, en cycle fermé, dans les différents mécanismes, tour à tour ; cette possibilité peut être exclue par de très sérieuses considérations.

Poursuivons en considérant les différents processus l'un après l'autre, et commençons par les « résonateurs ».

Rayonnement des résonateurs.

9. Considérons un résonateur comme un système dynamique et supposons pour l'instant que son mouvement obéisse aux lois classiques. Soient $\dfrac{p}{2\pi}$ sa fréquence, T et V ses énergies cinétique et potentielle, et supposons que :

$$T = \frac{1}{2}\,\beta\dot{\varphi}^2, \quad V = \frac{1}{2}\,\alpha\varphi^2$$

φ étant la coordonnée qui exprime l'état du résonateur, α et β étant des constantes telles que $p^2 = \dfrac{\alpha}{\beta}$.

L'équation du mouvement en φ, est :

$$\beta\ddot{\varphi} + \alpha\varphi = \Phi \tag{7}$$

où Φ est la force généralisée correspondant à φ [2]. En multipliant par $\dot{\varphi}$, nous obtenons :

$$\frac{d}{dt}[T + V] = \Phi\dot{\varphi},$$

de telle sorte que l'énergie gagnée par le résonateur pendant l'intervalle de temps de o à t est :

$$\int_0^t \Phi\dot{\varphi}\,dt.$$

La solution de l'équation (7) peut s'obtenir par les méthodes usuelles

[1] Cf. Poincaré, *Journ. de Phys.* 11, p. 34 (1912).
[2] C'est le coefficient de $\delta\varphi$ dans l'expression du travail virtuel (N. D. T).

(¹). Supposons qu'au temps $t = 0$, les valeurs de φ et $\dot{\varphi}$ soient les mêmes que si le résonateur accomplissait une oscillation caractérisée par l'équation $\varphi = A \cos(pt - \varepsilon)$. L'impulsion $\Phi_{t'}dt$, au temps t', pour l'intervalle dt, produit une vibration forcée telle que la valeur de φ est au début $\dfrac{1}{\beta}\Phi_{t'}dt$, et par conséquent telle que la valeur suivante de $\dot{\varphi}$ est $\dfrac{1}{\varphi}\Phi_{t'}\cos p(t - t')dt$. Par conséquent, la valeur totale de $\dot{\varphi}$ après le temps t est :

$$\dot{\varphi} = \int_{t'=0}^{t'=t} \Phi_{t'}\cos p(t - t')dt + A\cos(pt - \varepsilon)$$

et l'absorption totale au temps t, donnée par (8) est :

$$\int_0^t \Phi\dot{\varphi}\,dt = \frac{1}{\beta}\int_0^t\int_0^{t'}\Phi_{t'}\Phi_{t''}\cos p(t'-t'')dt'dt'' + \int_0^t A\cos(pt - \varepsilon)\Phi\,dt.$$

En sommant sur un grand nombre d'oscillations, le second terme du second membre peut être négligé et il vient :

$$\int_0^t \Phi\dot{\varphi}dt = \frac{1}{2\beta}\int_0^t\int_0^t\Phi_{t'}\Phi_{t''}\cos p(t' - t'')dt'dt'', \qquad (9)$$

le diviseur 2 apparaissant parce que l'intégrale est étendue à un carré dans le plan des $t't''$ au lieu d'être prise sur le demi carré limité par la droite $t'' = t'$.

La valeur de Φ du temps O au temps t peut s'exprimer sous la forme d'une série de Fourier :

$$\Phi = \frac{1}{\pi}\int_0^\infty (F_p\cos pt + G_p\sin pt)dt$$

où

$$F_p = \int_0^t \Phi_{t'}\cos pt'dt' \qquad (10)$$

$$G_p = \int_0^t \Phi_{t'}\sin pt'dt' ; \qquad (11)$$

au moyen de ces coefficients, l'équation (9) peut s'écrire sous la forme :

$$\int_0^t \Phi\dot{\varphi}dt = \frac{1}{2\beta}(F_p{}^2 + G_p{}^2) \qquad (12)$$

Mais d'après un théorème de Lord Rayleigh (²) on a :

$$\int_0^t \Phi^2 dt = \frac{1}{\pi}\int_0^\infty (F_p{}^2 + G_p{}^2)dp$$

(1) Lord Rayleigh, Theory of Sound, § 66. [2ᵉ édit. I, 1894]
(2) Phil. Mag., (5), 27, p. 466.

de telle sorte que la valeur moyenne de Φ^2 de o à t, soit $\overline{\Phi^2}$, est :

$$\overline{\Phi^2} = \int_0^\infty f(p)dp,$$

avec

$$f(p) = \frac{1}{\pi t} (F_p{}^2 + G_p{}^2),$$

et la valeur moyenne de l'absorption est, au moyen de (12) :

$$\frac{1}{t} \int_0^t \Phi\dot\varphi\, dt = \frac{1}{2\beta t} (F_p{}^2 + G_p{}^2) = \frac{\pi}{2\beta} f(p).$$

Si la force Φ est due à une intensité électrique X, on peut supposer que $\Phi = cX$, où c est une constante. Supposons la densité de l'énergie rayonnante, résolue en ses fréquences constituantes, sur $\int_0^\infty R(p)dp$ par unité de volume ; alors la valeur moyenne de X^2 sera

$$\frac{4\pi}{3} \int_0^\infty R(p)dp,$$

et c^2 fois celle-ci donnera $\overline{\Phi^2}$, soit

$$\int_0^\infty f(p)dp.$$

Donc :

$$f(p) = \frac{4\pi}{3} c^2 R(p)$$

et la valeur moyenne de l'absorption de l'énergie rayonnante par le résonateur est

$$\frac{\pi}{2\beta} f(p), \qquad \text{ou} \qquad \frac{2\pi^2 c^2}{3\beta} R(p).$$

Si le mécanisme radiant est électrique, on peut écrire que l'émission au temps t est égale à l'une ou l'autre des deux expressions équivalentes :

$$\int_0^t C\overset{''}{\varphi}{}^2 dt = - \int_0^t C\dot\varphi\overset{'''}{\varphi}\, dt,$$

où C est une constante. [Le premier membre donne l'expression de Larmor, le second celle de Lorentz]. En substituant la valeur de $\overset{'''}{\varphi}$ tirée de (7), l'émission au temps t est :

$$- \frac{C}{\beta} \int_0^t \dot\varphi(\Phi - \alpha\ddot\varphi)dt.$$

L'intégration par parties de (10) et (11) donne :

$$F_p = - \frac{1}{p} \int_0^t \dot\Phi_{t'} \cos pt'\, dt' \; ; \; G_p = \frac{1}{p} \int_0^t \dot\Phi_{t'} \sin pt'\, dt',$$

de sorte que :

$$\int_0^t \dot{\varphi}\ddot{\Phi}\,dt' = \frac{p}{2\beta}\,(G_p F_p - F_p G_p) = 0,$$

et l'émission au temps t est alors :

$$\frac{C}{\beta}\int_0^t \alpha\dot{\varphi}^2\,dt.$$

Donc la valeur moyenne de l'émission est

$$\frac{C}{\beta}\,\overline{a\dot{\varphi}^2} = \frac{C}{\beta}\,p^2\overline{\beta\dot{\varphi}^2},$$

où la barre sur une quantité désigne la valeur moyenne dans l'intervalle de temps $(o,\ t)$ de la dite quantité.

En égalant l'émission à l'absorption, la condition de l'état stable s'écrira donc :

$$R(p) = \frac{3C}{2\pi^2 c^2}\,p^2\overline{\beta\dot{\varphi}^2},$$

de sorte que, à l'état stable, la répartition de l'énergie rayonnante doit être :

$$R(p)dp = \frac{3C}{2\pi^2 c^2}\,\overline{\beta\dot{\varphi}^2}p^2\,dp \qquad (13)$$

Dès que la nature du résonateur est définitivement connue, C et c seront connus. Pour un oscillateur de Hertz ([1]), $\dfrac{C}{c^2} = \dfrac{2}{3V^3}$,   V étant la vitesse de la lumière ; alors :

$$R(p)dp = \frac{\overline{\beta\dot{\varphi}^2}}{\pi^2 V^3}\,p^2\,dp \qquad (14)$$

Si le résonateur consiste en un simple électron capable d'osciller avec la fréquence p.

$$C = \frac{2}{3}\,\frac{e^2}{V^3}, \qquad c = e \qquad \text{et} \qquad \frac{C}{c^2} = \frac{2}{3V^3}$$

comme avant, et la formule (14) donne encore la partition de l'énergie.

Rayonnement des électrons libres.

10. — Un électron libre peut être considéré, en un certain sens, comme un résonateur de fréquence nulle, car il est en quelque manière, la limite d'un électron oscillant pour lequel les forces agis-

---

([1]) Planck donne une démonstration légèrement différente pour un oscillateur de Hertz ; *cf.* Acht Vorlesungen über Theoretische Physik, V ; ou *Ann. der Phys.* p. 556 (1901).

santes tendent vers zéro. Nous pouvons supposer que le φ du précédent paragraphe soit une coordonnée x mesurée sur une certaine droite ; l'énergie cinétique T de ce mouvement est alors

$$\frac{1}{2}\, m\dot{x}^2 = \frac{1}{2}\, m u^2$$

et alors $\beta = m$. On a de nouveau $\quad C = \frac{2}{3}\frac{c^2}{V^3}, \; c = e,\;$ et la formule (14) est vraie, mais seulement à la limite, pour $p = 0$. La formule devient :

$$R(p)dp = \frac{\overline{mu^2}}{\pi^2 V^3}\, p^2 d\rho \qquad (15)$$

Cela donnera la forme limite de $R(p)$ pour $p = 0$. La formule générale peut s'obtenir de la manière suivante :

Un unique rayon de lumière se propageant parallèlement à l'axe des x, sera caractérisé par des équations de la forme :

$$X = 0 \quad Y = A\cos\varkappa(x + Vt), \quad Z = 0$$
$$\alpha = 0, \quad \beta = 0, \quad \gamma = -A\cos\varkappa(x + Vt).$$

Le mouvement d'un électron qui se meut dans le champ de forces créé par cette onde peut être regardé comme composé de : [1].

1) Une translation de vitesse uniforme aux composantes u_0, v_0, w_0. C'est la vitesse de l'électron non troublé.

2) Des oscillations parallèles aux axes des x et des y, oscillations harmoniques de fréquence $\dfrac{\varkappa w}{2\pi}$, où $w = u_0 + V$, cette dernière étant évidemment obtenue en modifiant la fréquence de la lumière incidente par l'application du principe de Doppler, la correction de relativité étant négligée puisque la vitesse de l'électron est petite vis-à-vis de celle de la lumière.

D'après la dynamique classique, l'électron absorbera de la lumière de fréquence $\dfrac{\varkappa V}{2\pi}$. La lumière émise sera de fréquences différentes suivant les directions différentes de l'émission ; la fréquence correspondant à une direction quelconque s'obtenant en modifiant la fréquence $\dfrac{\varkappa w}{2\pi}$ de l'oscillation conformément au principe de Doppler.

---

[1] Une démonstration plus rigoureuse et une discussion plus serrée se trouvent dans un mémoire paru dans le *Phil. Mag.*, p. 14, janv. 1914.

Prenons les coordonnées polaires habituelles r, θ, φ, l'électron étant à l'origine et l'axe des x étant $\theta = 0$. Suivant une direction θ, φ la composante de la vitesse de l'électron sera

$$u_0 \cos \theta + v_0 \sin \theta \cos \varphi + w_0 \sin \theta \sin \varphi,$$

de sorte que la fréquence $\dfrac{p}{2\pi}$ de la radiation émise dans cette direction, est telle que :

$$p = \varkappa w V / (V - u_0 \cos \theta - v_0 \sin \theta \cos \varphi - w_0 \sin \theta \sin \varphi) \qquad (16)$$

Supposons que la distribution de l'intensité du rayonnement dans les différentes directions soit représentée par la fonction $I(\theta, \varphi) \sin \theta \, d\theta \, d\varphi$; prenons la valeur moyenne de $u_0^2 + v_0^2 + w_0^2$ pour un grand intervalle de temps, soit c^2, et désignons par

$$A f\!\left(\frac{u_0^2 + v_0^2 + w_0^2}{c^2} \right) du_0 \, dv_0 \, dw_0$$

le rapport à tout l'intervalle de temps, de l'intervalle pendant lequel les composantes de la vitesse se trouvent entre

$$u_0 \text{ et } u_0 + du_0, \quad v_0 \text{ et } v_0 + dv_0, \quad w_0 \text{ et } w_0 + dw_0.$$

Alors le rayonnement total moyen émis par l'électron par unité de temps sera

$$\int \int \int \int \int A f\!\left(\frac{u_0^2 + v_0^2 + w_0^2}{c^2} \right) I(\theta, \varphi) \sin \theta \, d\theta \, d\varphi \, du_0 \, dv_0 \, dw_0,$$

où l'intégration est étendue à toutes les valeurs de u_0, v_0, w_0, θ et φ; la fréquence de chaque élément est donnée par (16).

Le rayonnement peut être analysé en ses différentes fréquences par un changement de variables; au lieu de u_0, v_0, w_0, θ et φ on prendra u_0, w_0, θ, φ et p au moyen de (16), et l'on intégrera relativement à u_0, w_0 θ et φ. Le résultat final est nécessairement de la forme [1].

$$\int \frac{1}{p_0} \, \Phi\!\left(\frac{p}{p_0}, c^2 \right) dp, \qquad (17)$$

où p_0 est $\varkappa V$, soit 2π fois la fréquence de la lumière incidente, et où Φ est une fonction dont la forme n'interviendra pas dans nos considérations.

Il est clair que si l'électron subit les influences d'une série d'ondes traversant l'éther simultanément, l'émission résultante sera la somme d'autant d'intégrales de la forme (17) qu'il y a d'ondes.

Supposons maintenant que l'électron soit dans une région de l'espace où la loi de partition de l'énergie rayonnante soit $R(p_0) dp_0$, cette éner-

____

[1] *Cf.* le mémoire cité pour plus de détails.

gie étant distribuée au hasard relativement à la direction. Supposons qu'une unité d'énergie de fréquence p_0 soit, par suite des interactions avec l'électron libre, restituée sous forme d'énergie de fréquence primitive p_0, et en quantité ψ et d'énergie dispersée suivant un spectre selon la formule $\int F(p_0, p)dp$. D'après la formule (7), $F(p_0, p)$ doit être de la forme :

$$F(p_0, p) = \frac{1}{p_0}\Phi\left(\frac{p}{p_0},\ c^2\right),$$

et en vertu du principe de conservation de l'énergie, on doit avoir :

$$1 - \psi = \int_0^\infty F(p_0, p)dp = \int_0^\infty \Phi\left(\frac{p}{p_0},\ c^2\right)\frac{dp}{p_0}. \tag{18}$$

En effectuant l'intégration, il est clair qu'on trouvera une fonction de c^2 seulement, de sorte que ψ est indépendant de p_0.

Après l'unité de temps, la loi de répartition de l'énergie totale de rayonnement sera :

$$\psi \int R(p_0)dp_0 + \int dp_0 \int_0^\infty R(p_0)F(p_0, p)dp,$$

ou, en portant l'attention sur p :

$$\int\left[\psi R(p) + \int_0 R'p_0)P(p_0, p)dp_0\right]dp. \tag{19}$$

La condition qui exprime que le système a atteint un état final stable est que la partition de l'énergie rayonnante soit inaltérée par le jeu des actions et réactions de l'électron. La partition finale de l'énergie (19) doit donc être identique à la partition initiale $\int R(p)dp$, de sorte que l'on doit avoir :

$$\psi R(p) + \int_0^\infty R(p_0)P(p_0, p)dp_0 = R(p),$$

ou

$$R(p)(1 - \psi) = \int_0^\infty R(p_0)\Phi\left(\frac{p}{p_0},\ c^2\right)\frac{dp_0}{p_0}.$$

La solution de cette équation intégrale donnera la forme de $R(p)$ à l'état stable. Si l'on pose $p_0 = \chi p$, l'équation devient :

$$\int_{\chi=0}^{\chi=\infty} \frac{R(\chi p)}{R(p)}\Phi\left(\frac{1}{\chi},\ c^2\right)\frac{d\chi}{\chi} = 1 - \psi,$$

de sorte que $R(\chi p)/R(p)$ doit être indépendant de p. Il s'ensuit que $R(p)$ doit être de la forme $R(p) = Bp^n$, où B et n sont des constantes; la loi de partition de l'énergie aura donc la forme :

$$R(p)dp = Bp^n\,dp.$$

Les valeurs des constantes B et n peuvent s'obtenir immédiatement par comparaison avec la formule (15), qui donne la forme limite de $R(p)$ pour $p = 0$. Il est clair qu'on doit avoir $n = 2$, $B = \dfrac{\overline{mu^2}}{\pi^2 V^3}$, et par suite la forme de $R(p)$ est définie par l'équation :

$$R(p)dp = \frac{\overline{mu^2}}{\pi^2 V^3}\, p^2 dp. \tag{20}$$

Donc le résultat obtenu à partir de la dynamique classique est le suivant : Si $R(p)$ a cette forme, il peut y avoir un équilibre permanent entre les électrons libres et le rayonnement, mais si $R(p)$ a une autre forme, il y aura des échanges continuels d'énergie jusqu'à ce que $R(p)$ ait pris cette forme.

11. D'après la théorie cinétique de la matière, la valeur moyenne de mu^2 pour un électron, valeur moyenne que nous avons désignée par $\overline{mu^2}$, doit être égale à RT, où R est la constante des gaz et où T est la température absolue de la matière. Richardson et d'autres physiciens ont déterminé la valeur de $\overline{mu^2}$ directement par l'expérience, et ils ont montré qu'elle est égale en fait à RT. Si l'on substitue dans (20), il vient :

$$R(p)dp = \frac{RT}{\pi^2 V^3}\, p^2 dp. \tag{21}$$

De plus, la théorie cinétique de la matière, nous donne pour la valeur moyenne de l'énergie cinétique du résonateur considéré au § 9, et pour autant que la dynamique classique est vraie,

$$\overline{\beta \dot{\varphi}^2} = RT,$$

de sorte que la formule (14) exprimant la condition d'équilibre entre les résonateurs et l'énergie rayonnante devient :

$$R(p)dp = \frac{RT}{\pi^2 V^3}\, p^2 dp \tag{22}$$

équation identique à (21),

Rayonnement des orbites des électrons.

12. — Dans le § 10, nous avons considéré les échanges d'énergie entre les électrons et le rayonnement, en supposant que les électrons étaient absolument libres, et soumis seulement aux forces provenant du rayonnement. Un problème quelque peu différent se pose dans le cas plus souvent réalisé où les électrons se fraient un chemin à travers les interstices de la matière; ils subissent des accélérations et émettent du rayon-

nement à chacune de leurs rencontres avec les atomes de la matière.
Le problème a été considéré d'abord par Lorentz ([1]), qui donna une
formule qui exprime la partition de l'énergie rayonnante dans l'état
stable pour des ondes de grande longueur. La question a été reprise
plus tard par l'Auteur ([2]), qui confirma le résultat de Lorentz par une
méthode différente, et montra comment on pourrait l'étendre à des
ondes de toutes longueurs. L'analyse de ces méthodes est trop longue
pour être faite ici, même en résumé, mais l'état final obtenu est que la
partition de l'énergie dans l'état d'équilibre stable, est donnée par la
formule :

$$R(p)dp = \frac{RT}{\pi^2 V^3} \, p^2 dp. \qquad (23)$$

qui est identique à (21) et (22).

13. La formule précédente qui donne la partition de l'énergie rayonnante en fonction de la fréquence se transforme aisément en une autre
qui donne la partition en fonction de la longueur d'onde. Soit $\varphi(\lambda, T)dx$
l'énergie pour les longueurs d'ondes comprises entre λ et $\lambda + d\lambda$
alors puisque $\lambda = \dfrac{2\pi V}{p}$, on aura :

$$\varphi(\lambda, T)d\lambda = 8\pi RT\lambda^{-4}d\lambda \qquad (24)$$

En comparant avec la formule (1) on sait que la partition finale de
de l'énergie prévue par la dynamique classique est exactement analogue
à la partition de l'énergie des ondes sonores dans un gaz à l'état stable.
La seule différence réside dans un facteur 2 dont la présence s'expliquera, comme nous le verrons, par la différence entre les ondes lumineuses et les ondes sonores.

14. — L'interprétation physique de ces formules s'obtient aisément.
Considérons un volume fini v, d'un milieu continu et homogène. Le
milieu contenu dans ce volume sera capable d'exécuter un certain nombre de vibrations libres dont la fréquence pour chacune d'elles sera $\dfrac{p}{2\pi}$
et la longueur d'onde λ. Quand la longueur d'onde est suffisamment
petite, le nombre des vibrations libres pour lesquelles λ est compris
entre λ et $\lambda + d\lambda$ est très grand. Posons en général que ce nombre est
$f(\lambda)d\lambda$. Il est évident que $f(\lambda)$ sera proportionnel à v, et par conséquent,

---

([1]) « On the Emission and Absorption by Metals of Rays of Heat of Great Wave-
length, » *Kon. Akad. van Wetesesch. Amsterdam*, 24 avril 1903.
([2]) *Phil. mag.*, p. 773, juin 1909, et p. 209, juillet 1909.

par des considérations sur les dimensions physiques, puisque $f(\lambda)d\lambda$ est un nombre pur, on doit avoir

$$f(\lambda)\,d\lambda = C v \lambda^{-4} d\lambda$$

où C est une constante. En d'autres termes, le nombre de vibrations, par unité de volume du milieu, dont les longueurs d'onde sont comprises entre λ et $\lambda + d\lambda$ est $C\lambda^{-4}d\lambda$. La détermination de la constante C pour tous les milieux n'est pas difficile ([1]). On trouve que pour les vibrations sonores dans un gaz, $C = 4\pi$, pour les vibrations lumineuses dans l'éther libre, s'il existe un éther, $C = 8\pi$ et pour les vibrations d'un solide élastique $C = 12\pi$. Si nous préférons supposer que l'éther n'existe pas, nous pouvons faire appel au principe général que nous avons déjà invoqué, que tous les phénomènes observables se passent précisément de la même manière que si un éther existait et nous trouverons que $C = 8\pi$ pour l'énergie rayonnante dans l'espace vide.

La raison pour laquelle les trois valeurs de C (4π, 8π et 12π) sont dans les rapports $1 : 2 : 3$ est manifeste. Dans un gaz il y a seulement un ensemble de vibrations normales ; dans l'éther il n'y a que des vibrations transversales, mais il y a deux vibrations transversales indépendantes, correspondant à deux plans de polarisation, pour chaque vibration normale dans le gaz ; et dans un solide élastique, il y a des vibrations normales et transversales.

15. Dans la formule (1) du § 5, relative au son

$$4\pi R T \lambda^{-4} d\lambda$$

puisque le nombre de vibrations est $4\pi\lambda^{-4}d\lambda$, on voit que l'*énergie moyenne de chaque vibration est* RT. Dans la formule du rayonnement

$$8\pi R T \lambda^{-4} d\lambda \tag{25}$$

le nombre de vibrations est $8\pi\lambda^{-4}d\lambda$ de sorte que l'*énergie moyenne de chaque vibration est encore* RT. La mécanique classique exige donc que dans l'état d'équilibre, l'énergie moyenne de chaque vibration soit RT que ce soit dans l'éther ou dans un gaz. Une discussion physique de ce point se trouve plus loin.

Le théorème de l'équipartition de l'énergie.

16. On a vu comment dans l'état stable, l'énergie moyenne de chaque vibration est RT, que cette vibration soit une vibration sonore dans un

---

[1] *Phil. Mag.*, p. 91. Juillet 1903 ; H. A. Lorentz, The Theory of Electrons 73 ; *Cf.* aussi un mémoire purement mathématique de H. Weyl, *Math. Annalen*, 71, p. 441.

gaz, ou une vibration lumineuse produite par des résonateurs, des électrons libres dans un champ électrique ou des électrons gênés dans de la matière. Ce résultat n'est qu'un cas particulier d'un résultat beaucoup plus général obtenu à partir du théorème bien connu de l'équipartition de l'énergie ; nous allons en donner une démonstration en laissant de côté toutes les complications qui n'ont pas de portée pour le problème qui nous intéresse.

Soit un système dynamique en mouvement conforme aux lois de Newton, et dont l'état est caractérisé par n coordonnées lagrangiennes et leurs n variables conjuguées. Nous désignerons ces $2n$ quantités par $\theta_1, \theta_2 \ldots \theta_{2n}$.

On peut donc représenter l'état de système à chaque instant par un point dans un espace fictif à $2n$ dimensions, ce point ayant comme coordonnées cartésiennes $\theta_1, \theta_2 \ldots \theta_{2n}$. Lorsque le système poursuit naturellement son mouvement, ce point décrit une courbe dans l'espace à $2n$ dimensions. Nous pouvons supposer que tout l'espace est rempli de points traçant des courbes appropriées, et de cette manière, nous pouvons imaginer avoir une représentation graphique qui nous permet d'étudier simultanément tous les mouvements possibles de notre système dynamique.

D'après le théorème bien connu de Liouville (¹) la densité d'un groupe de points dans cet espace ne change pas lorsque ces points décrivent les courbes qui représentent le mouvement du système, pourvu que ce mouvement se fasse conformément à la mécanique newtonienne. Par exemple, si les points représentatifs sont initialement répartis avec une densité uniforme dans l'espace, ils resteront constamment répartis suivant la même densité.

Supposons qu'on ait trouvé qu'après que l'état stable a été atteint — c'est-à-dire après que le mouvement a duré assez longtemps pour que l'influence des conditions initiales soit effacée — le système possède invariablement une certaine propriété définie P. Cela peut être dû à l'une ou l'autre des deux raisons : ou bien les points représentatifs tendent par leur mouvement à s'agglomérer dans ces régions de l'espace généralisé où la propriété P règne, ou bien la propriété P est commune à tout l'espace généralisé. Le théorème de Liouville prouve que la première raison ne peut être valable. La propriété P doit être

---

(1) Boltzmann, Vorlesungen über Gastheorie, Vol. 2, p. 66 et 67 ; ou Jeans Dynamical Theory of Gases (3ᵉ éd.) p. 73, (Cf aussi l'édition française, A. Blanchard, éditeur).

commune alors, à tout l'espace générali-é. Strictement parlant, il n'est pas possible de trouver une propriété physique qui soit absolument commune à tous les points de l'espace généralisé, mais on peut trouver un certain nombre de propriétés qui sont vraies à des exceptions insignifiantes près, les exceptions étant telles qu'elles échappent à l'observation. Donc nous pouvons dire que les propriétés à considérer dans un état stable d'un système, sont celles qui sont communes à tout l'espace généralisé, à quelques insignifiantes exceptions près.

Ces considérations assez abstraites peuvent être illustrées par un exemple concret qui n'est pas d'ordre dynamique.

Supposons qu'on ait une armée d'un million d'hommes hauts de 5 pieds 8 pouces. Cette armée peut être divisée en deux groupes de 5oo.ooo hommes d'à peu près $10^{301,027}$ manières différentes. Il y aura peut-être un million de manières d'arranger les hommes de façon que les hauteurs moyennes dans les deux groupes diffèrent de 2 pouces; il y aura — disons — 10^{100} manières de les grouper pour que les moyennes diffèrent de $\dfrac{1}{100}$ de pouce ; il y en aura peut-être 10^{1000} pour lesquelles la différence sera $\dfrac{1}{1000}$ de pouce. Mais pour la majorité des arrangements les hauteurs moyennes seront presque égales. Avec les nombres que nous avons pris, il y a à parier $10^{300,000}$ contre un que la hauteur moyenne dans les deux troupes sera la même à $\dfrac{1}{1000}$ de pouce près. Il n'est pas vrai de dire que pour tous les arrangements, les hauteurs moyennes dans les deux troupes auront une différence imperceptible, et cependant, les chances que cela soit faux sont comme $10^{300,00r}$ est à 1 si les hommes sont répartis au hasard.

Aussi dans l'espace généralisé que nous considérons, il n'y a pas de propriétés absolument vraies pour tout l'espace, mais il y a un certain nombre de propriétés qui sont vraies pour tous les points de l'espace, sauf pour un nombre d'entre eux qui constituent une fraction insignifiante de l'ensemble. En particulier, la propriété suivante est une telle propriété.

Considérons deux groupes de termes dans l'expression de l'énergie, chacun consistant en un très grand nombre (p, q) de termes carrés. La propriété qui est vraie, aux exceptions indiquées près, c'est que la valeur moyenne des termes dans le groupe de p termes est égale à la valeur moyenne des q termes du second groupe. Comme dans la théorie cinétique des gaz, si nous prenons comme valeur moyenne des termes dans chaque groupe la valeur $\frac{1}{2}$ RT, alors la valeur du groupe des ρ termes est $\frac{1}{2}$ pRT et celle du groupe de q termes est $\frac{1}{2}$ qRT. Tel est, en effet, le théorème de l'équipartition de l'énergie [1].

17. — Nous allons voir que ce résultat contient tous les résultats qui ont été obtenus dans ce chapitre. Supposons d'abord que le système considéré soit formé d'éther et de matière de toute espèce. Le nombre des vibrations de l'éther dont la longueur d'onde est comprise entre λ et $\lambda + d\lambda$ sera $8\pi v\lambda^{-4}d\lambda$, où v est le volume de l'éther considéré; chaque vibration donnera naissance dans l'énergie à deux termes carrés, l'un cinétique et l'autre potentiel. Le nombre total des termes carrés représentant toute l'énergie de ces vibrations sera $16\pi v\lambda^{-4}d\lambda$ et par conséquent leur énergie sera égale à ce nombre multiplié par $\frac{1}{2}$ RT, soit à $8\pi RT v\lambda^{-4}d\lambda$. Divisons par v pour avoir l'énergie par unité de volume d'éther, nous obtenons pour l'énergie rayonnante de longueurs d'onde comprises entre λ et $\lambda + d\lambda$ la densité :

$$8\pi RT\lambda^{-4}d\lambda$$

qui est identique à la formule (24).

En rappelant que les phénomènes observés ici, ne permettent pas de trancher la question de l'existence de l'éther, cette loi donne aussi la partition du rayonnement dans l'espace vide d'un univers privé d'éther.

Cette formule a été donnée par Lord Rayleigh et l'Auteur en 1900 pour représenter la partition de l'énergie dans le spectre, si la dynamique newtonienne est vraie. Ce ne peut pas être la vraie loi, car l'énergie totale obtenue en intégrant de $\lambda = o$ à $\lambda = \infty$ serait infinie pour toute valeur finie de T ; et si l'énergie totale était finie, la seule valeur possible pour T serait $T = o$.

Cela est donc, en fait, ce que prévoit la mécanique classique pour l'état stable final. Nous sommes conduits à admettre que toute l'énergie de la matière sera dissipée sous forme de rayonnement dans

(1) Pour des références sur les différentes démonstrations qui ont été données de ce théorème, voir Jeans : Dynamical Theory of Gases, Ch. V., (ou l'édition française, A. Blanchard, éditeur, N. d. T.) ou la Théorie du rayonnement et les Quanta (Paris, 1912), p. 71. On trouve aussi des démonstrations détaillées à ces deux endroits.

l'espace ambiant, tout comme dans les exemples des §§ 4 et 5, où l'on a vu qu'un milieu continu a la possibilité d'extraire toute l'énergie cinétique d'un système qui y est immergé. C'est pour échapper à cette conséquence nécessaire de la mécanique classique que la théorie des quanta a été imaginée.

18. — Avant de passer à l'étude de la théorie des quanta, nous signalerons les tentatives variées qui ont été imaginées, avant que la théorie des quanta n'ait été aussi bien établie qu'elle l'est maintenant, pour échapper à la nécessité, imposée par la mécanique classique, suivant laquelle l'énergie disponible devrait être dégradée en énergie rayonnante de petite longueur d'onde. La théorie classique exigerait que cette dégradation dut se produire avant qu'un état stable d'équilibre thermodynamique fût atteint ; la manière évidente de se tirer d'affaire serait de faire l'hypothèse suivante : la partition de l'énergie observée représente des états qui ne sont pas de vrais états d'équilibre thermodynamique. Si l'on suppose que le rayonnement émis aux plus hautes fréquences est en quelque sorte drainé ou qu'il puisse s'échapper, de façon que la densité de rayonnement reste toujours très petite, alors il est possible d'obtenir une loi définie, qui, dans certains cas, puisse présenter quelques-uns des caractères de la loi de rayonnement observée.

19. — Il n'y a cependant pas de cause qui explique que des mécanismes rayonnants supposés différents, conduisent tous à la même loi de partition de l'énergie, et en fait, on a trouvé qu'il n'y en a pas. Le cas sur lequel on a insisté le plus est celui du rayonnement émis par des électrons accélérés décrivant des orbites sous l'effet des forces atomiques. On a supposé au début que l'électron décrit sa trajectoire dans un espace presque dépourvu d'énergie rayonnante, et cela, comme il est clair maintenant, revient à supposer qu'il n'y a pas d'équilibre thermodynamique entre l'énergie rayonnante et la matière. Si l'accélération de l'électron est produite par des chocs avec les atomes, on trouve, au lieu de la formule de Rayleigh,

$$8\pi RT \lambda^{-4} d\lambda \qquad (26)$$

une formule ([1]) du type :

$$8\pi RT \lambda^{-4} f\left(\frac{c}{\lambda}\right) d\lambda \qquad (27)$$

[1] *La Théorie du rayonnement et les Quanta*, p. 69, et J. H. Jeans, *Phil. Mag.*, juillet et août 1909.

où c est une quantité telle que $\dfrac{c}{2\pi V}$ soit comparable au temps de collision entre l'électron et l'atome. De ce qui a été dit, on déduit que pour des ondes très longues, $f\left(\dfrac{c}{\lambda}\right)$ doit être à peu près égale à 1, pendant que — si les chocs ont tous la même durée, — $f\left(\dfrac{c}{\lambda}\right)$ tend vers zéro, lorsque λ est très petit, de la même manière que $e^{-\frac{c}{\lambda}}$.

En supposant que le mouvement de chaque électron se poursuive sur une série de trajectoires rectilignes séparées par des chocs tous semblables, Sir J. J. Thomson [1] arriva à la formule

$$8\pi RT\lambda^{-4}e^{-\frac{c}{\lambda}}\,d\lambda \tag{28}$$

qui est, évidemment, un cas particulier de (27).

On peut faire les réflexions suivantes :

I. Pour concilier la formule (27) avec la loi de Wien (*cf.* § 20, *infrà*), c doit varier comme $\dfrac{1}{T}$, de sorte que la durée d'un choc est exactement proportionnelle à $\dfrac{1}{T}$. Ce serait le cas seulement, si les atomes étaient des centres de forces répulsives, suivant le cube de l'inverse de la distance [2], mais ce n'est pas là une condition facile à concilier avec ce que nous savons de la structure des atomes et du mouvement des électrons.

II. Il est sans doute possible de trouver la valeur de c qui conviendrait pour que la formule (27) soit compatible avec la formule de Planck. Aux températures ordinaires, le temps de choc devrait être de l'ordre de 10^{-14} seconde. En rappelant que la vitesse des électrons est de l'ordre de 10^7, il est clair que ce temps de choc est trop grand pour être compatible avec ce que nous savons des dimensions moléculaires ou atomiques [3].

III. Pour que la formule (27) représente le rayonnement du corps noir tel qu'il est observé, il faudrait que la valeur de c et le temps de choc, fussent exactement les mêmes pour toutes les substances, con-

---

(1) *Phil. Mag.* 14, p. 225, 1907.
(2) J. J. Thomson. *l. c. ante.*
(3) *Phil. Mag.* 20, p. 651 (1910).

dition qui ne peut être conciliée avec ce que nous savons de la diversité de structure des diverses substances.

IV. Les expériences de Richardson et Brown [1], et d'autres physiciens, ont montré que les vitesses des électrons dans un solide sont distribuées suivant la loi de Maxwell, de sorte que les valeurs de c doivent être différentes pour des électrons différents et pour des chocs différents. En intégrant pour toutes les vitesses possibles, on trouve que la forme limite de $f\left(\dfrac{c}{\lambda}\right)$ lorsque λ est très petit, n'est pas proportionnel à $e^{-\frac{c}{\lambda}}$ mais à $e^{-\sqrt{\frac{c}{\lambda}}}$ et cela ne peut se concilier avec l'observation [2].

[1] *Phil. Mag.* 16, p. 353 (1908).
[2] *Phil. Mag.* 20, p. 650 (1910).

CHAPITRE III

LE DÉVELOPPEMENT DE LA THÉORIE DES QUANTA

20. — Le dernier chapitre nous a montré que le système newtonien des équations de la dynamique conduisait, pour l'état d'équilibre thermodynamique, à une seule formule pour la partition de l'énergie rayonnante : $8\pi RT\lambda^{-4}d\lambda$, formule qui ne cadre pas avec l'expérience. On expliquera dans le présent chapitre comment Planck, partant de conceptions entièrement différentes de celles de la mécanique newtotienne, est arrivé à une formule de rayonnement qui est un parfait accord avec l'observation, et comment Poincaré a montré que la formule en question ne peut s'obtenir qu'à partir d'un ensemble d'hypothèses physiques, qui est précisément celui qui sert de base à la théorie des quanta.

Le rayonnement qui est en équilibre thermodynamique avec la matière à la température T est dit « rayonnement complet » ou « rayonnement du corps noir » à la température T. D'après la loi de Stefan, son intensité totale est proportionnelle à T^4 ; et d'après la loi du déplacement de Wien, son énergie, distribuée en fonction de la longueur d'onde, a pour expression

$$F(\lambda T)\lambda^{-5}d\lambda \qquad (29)$$

où F est une fonction du produit λT qui n'est pas déterminée par la seule loi de Wien. De la loi de Wien, on peut tirer la loi de Stefan par intégration, de $\lambda = 0$ à $\lambda = \infty$.

Les deux lois de Stefan et de Wien peuvent être tirées de considérations générales de thermodynamique, mais de telles considérations ne suffisent pas à déterminer la forme réelle de la fonction F dans la loi de Wien. Ces deux lois peuvent être éprouvées expérimentalement et on sait qu'elles sont en accord avec l'observation. On peut déterminer la forme de la fonction F par l'expérience, et la forme qui s'est montrée le plus en accord avec les faits est celle qui a été proposée par Planck en 1901, dans un mémoire [1] qui est à la racine du développement de la théorie des quanta. La forme due à Planck, obtenue au moyen de considérations semblables à celles sur lesquelles la théorie des quanta est maintenant construite, est :

$$\lambda^{-1}F(\lambda T) = \frac{8\pi h\nu}{e^{\frac{h\nu}{RT}} - 1}$$

où ν est la fréquence correspondant à la longueur d'onde λ et h la constante, dite depuis, constante de Planck, dont la valeur est approximativement : [2]

$$h = 6.55 \times 10^{-27} \, (\text{erg} \times \text{sec}) \tag{30}$$

En substituant cette forme de F dans (29), la répartition du rayonnement du corps noir à la température T se trouve être exprimée par :

$$8\pi RT\lambda^{-4}d\lambda \frac{x}{e^{x} - 1} \tag{31}$$

où x est la fraction $\dfrac{h\nu}{RT}$. Cette formule s'accorde avec l'expérience aux erreurs d'observation près. Nous allons montrer qu'on peut l'obtenir en faisant usage d'une dynamique qui diffère beaucoup de la dynamique classique.

21. Dans la théorie ordinaire des gaz, on trouve que la « probabilité » qu'un système aura des coordonnées de valeurs (p_1, p_2, ...) alors que les variables conjuguées [3] auront pour valeurs (q_1, q_2, ...) et cela à $dp_1, dp_2...dq_1dq_2...$ près [4], est :

$$Ae^{-2kE}dp_1 dp_2...dq_1 dq_2...,$$

où E est l'énergie du système dans la configuration considérée ; A est une constante et k est défini par l'égalité $2kRT = 1$. Par suite,

<hr>

(1) *Annalen der Physik*, 4, p. 553, 1901.
(2) *Cf. infrà*, § 62.
(3) Les Anglais appellent ces variables conjuguées « momenta » et bien que certains auteurs français employassent le terme de « moments », nous préférons employer le terme de variables conjuguées qui s'accorde fort bien avec la théorie de Jacobi-Hamilton [N. d. T.]
(4) Suivant une manière de parler, indiquée nous semble-t-il, par M. L. Brillouin, nous disons qu'une quantité a pour valeur x à dx près, si cette quantité a une valeur comprise entre x et $x + dx$.

si ε est une valeur quelconque de l'énergie, les probabilités que le système ait les énergies 0, ε, 2ε,..., seront dans les rapports :

$$1 : e^{-2k\varepsilon} : e^{-4k\varepsilon} : \ldots \tag{32}$$

Pour parler strictement, les probabilités que nous discutons ne sont pas celles qui correspondent aux énergies 0, ε, 2ε..., pour ce système mais ce sont celles qui sont relatives à l'hypothèse que les coordonnées soient p_1, p_2..., q_1, q_2... dq_1, dq_2... à dp_1, dp_2..., près, l'énergie ayant les valeurs indiquées.

Considérons un très grand nombre M de vibrations et supposons que N d'entre elles aient une énergie nulle. Alors on peut s'attendre à ce que le nombre de celles qui auront une énergie ε soit $Ne^{-2k\varepsilon}$, que le nombre de celles qui auront une énergie 2ε soit $Ne^{-4k\varepsilon}$, etc... Si nous supposons — ce qui est pour l'instant purement conjectural — que toutes ces M vibrations ont des énergies dont les valeurs sont seulement les nombres 0, ε, 2ε..., nous aurons :

$$M = N(1 + e^{-2k\varepsilon} + e^{-4k\varepsilon} + \cdots) = \frac{N}{1 - e^{-2k\varepsilon}} \tag{33}$$

L'énergie totale de toutes ces vibrations sera

$$\varepsilon Ne^{-2k\varepsilon} + 2\varepsilon Ne^{-4k\varepsilon} + \cdots$$

ce qui est égal en tenant compte de (33) à :

$$\frac{M\varepsilon}{e^{2k\varepsilon} - 1} \tag{34}$$

Si les vibrations particulières sont celles de longueur d'onde λ, à $d\lambda$ près, dans l'unité de volume d'éther, la valeur de M doit être prise égale [$cf.$ § 14] à $8\pi\lambda^{-4}d\lambda$, et la formule (34) prend la forme :

$$8\pi\lambda^{-4}d\lambda\,\frac{\varepsilon}{e^{2k\varepsilon} - 1} \tag{35}$$

On peut passer au problème considéré au § 15, celui de la détermination de la formule du rayonnement dans la mécanique classique, par un passage à la limite en faisant $\varepsilon = 0$; car dire que les vibrations sont supposées capables d'avoir les énergies 0, ε, 2ε, ... ∞ cela revient à dire, quand $\varepsilon = 0$, que l'énergie peut avoir toutes les valeurs. Or quand ε est petit la valeur limite de $\dfrac{\varepsilon}{e^{2k\varepsilon} - 1}$ est $\dfrac{1}{2k}$ ou RT de sorte que la formule (35) se réduit à :

$$8\pi RT\lambda^{-4}d\lambda \tag{36}$$

Cela est conforme à la formule (25), ce qui devait être, mais non à l'observation.

La formule générale (35) peut se transformer en :

$$8\pi RT \lambda^{-4} d\lambda \times \frac{\dfrac{\varepsilon}{RT}}{e^{\frac{\varepsilon}{RT}} - 1} \qquad (37)$$

et cela donne la formule de Planck (31) et par suite est conforme à l'observation, si l'on définit ε par la relation :

$$\varepsilon = h\nu \qquad (38)$$

où h est la constante de Planck et ν le nombre de vibrations par seconde.

Assigner une valeur finie à h est en opposition avec la mécanique classique, puisque d'après celle-ci l'énergie ne peut varier que continûment. Si h a une valeur finie, l'énergie ne peut varier que par sauts finis.

La méthode précédente pour arriver à la formule de Planck a été exposée pour la première fois par l'Auteur [1]. Une méthode semblable a récemment été proposée par Darwin et Fowler [2].

De telles méthodes sont probablement les plus expéditives pour illustrer la connexion entre l'équation fondamentale de Planck (38) et sa formule du rayonnement (37). Il est clair cependant, qu'il y a de graves objections à supposer que les énergies des vibrations de l'éther soient des multiples de ε. Car cela implique que ces énergies ne peuvent varier que par sauts brusques et ces sauts paraissent incompatibles avec l'hypothèse que l'énergie est répandue à travers tout l'éther

22. — La méthode originale de Planck [3] était fondée sur des idées physiques quelque peu différentes. Supposons que les M vibrations considérées au § 21 soient les vibrations de M résonateurs, tous de fréquence ν. Leur énergie totale sera donnée par l'expression (34) de telle sorte que l'énergie moyenne de chaque vibration sera $\dfrac{\varepsilon}{e^{2\kappa\varepsilon} - 1}$ et que l'énergie cinétique moyenne en sera la moitié soit :

$$\frac{1}{2} RT \times \frac{x}{e^x - 1} \qquad (39)$$

où $x = \dfrac{\varepsilon}{RT}$. Les conditions d'équilibre entre les résonateurs et l'éther ont été considérées au § 9 ; nous remarquons donc que l'énergie

[1] *Phil. Mag.* 20 p. 953 (1901).
[2] C. G. Darwin et R. H. Fowler, *Phil. Mag.* 44, p. 450 (1922).
[3] *Annalen der Physik,* 4, p. 556, (1901).

cinétique moyenne d'un résonateur doit être supposée maintenant, en vertu de (39), égale à $\dfrac{x}{e^x - 1}$ fois ce qu'elle était supposée au § 9 et cela montre que la valeur représentée par la formule du rayonnement est égale à celle qui a été trouvée auparavant, multipliée par $\dfrac{x}{e^x - 1}$. En d'autres termes, la formule du rayonnement qu'on obtient alors, est celle de Planck.

Telle est la méthode que Planck a employée pour obtenir sa formule, mais cette méthode prête à de sérieuses objections. En effet, lorsqu'on considère la partition de l'énergie entre les divers résonateurs, on suppose que l'énergie peut varier seulement par sauts de valeur ε, alors que, au § 9, en considérant la partition de l'énergie entre les résonateurs et l'éther, on avait supposé que l'énergie des résonateurs variait continûment.

On peut remarquer que cette méthode suppose que l'énergie des différentes vibrations dans l'éther peut varier continûment et, cela étant, pour la condition d'équilibre entre l'éther et, par exemple, les électrons libres, on peut toujours s'attendre à trouver celle qui a été obtenue au § 10. En d'autres termes, nous pourrions espérer que les résonateurs s'efforcent — pour ainsi parler — d'établir la partition de Planck de l'énergie rayonnante, pendant que les électrons libres et les autres mécanismes tendent à établir la partition conforme à la formule (36) de la mécanique classique. Cela serait un compromis entre les deux lois. Mais il y a plus, ce serait un compromis qui dépendrait du rapport du nombre des résonateurs de Planck à celui des électrons libres [cf. § 8] et comme ce rapport dépendrait de la substance considérée, il n'y aurait pas une loi de rayonnement, indépendante de la substance, comme l'observation l'exige.

23. — Einstein ([1]) a proposé encore une autre méthode pour obtenir la formule de Planck. On suppose de nouveau qu'un grand nombre de molécules (ou d'atomes, ou de résonateurs) sont engagés dans les phénomènes d'émission et d'absorption du rayonnement, mais, au lieu de supposer que l'énergie de ces molécules puisse être seulement un multiple d'un quantum fixe ε, on suppose que les molécules peuvent exister seulement dans certains états définis, que

([1]) *Phys. Zeitschrift*, 18, p. 122 (1917).

nous numéroterons 1, 2, 3, — et dont les énergies ont des valeurs spécifiées ε_1, ε_2, ε_3....

On suppose que les nombres des molécules dans les états 1, 2, 3... sont respectivement N_1, N_2, N_3 .. et qu'il existe un équilibre thermodynamique avec un champ de rayonnement dans lequel l'énergie par unité de volume est du type requis par la loi du déplacement de Wien [cf. équation (29)] soit :

$$F (\lambda T) \, \lambda^{-5} \, d\lambda.$$

Par suite de l'action du rayonnement de longueur d'onde λ (à $d\lambda$ près), supposons qu'un certain nombre de molécules passent de l'état m à l'état n et un certain nombre de l'état n à l'état m. Le nombre de celles qui passent de l'état m à l'état n peut être supposé raisonnablement proportionnel à N_m, c'est-à-dire au nombre des molécules dans l'état m. On peut aussi le supposer proportionnel à la densité du rayonnement en question et le prendre égal à :

$$\alpha N^m \, F (\lambda T) \, \lambda^{-5} \, d\lambda.$$

Par un raisonnement semblable, le nombre des molécules qui passent de l'état n à l'état m est par unité de volume :

$$\beta N_n \, F(\lambda T) \lambda^{-5} \, d\lambda.$$

Einstein suppose que, en plus de ces passages, qui sont produits par l'incidence du rayonnement, il se produit un certain nombre de passages spontanés de l'état m à plus grande énergie à l'état n à plus faible énergie. De tels passages sont tout à fait analogues à ceux qui se produisent dans la désagrégation des substances radioactives. Einstein suppose que le nombre de ces passages spontanés de l'état m à l'état n est

$$\gamma \, N_m$$

par unité de temps.

La condition qui caractérise un état stable est que le nombre total de molécules qui passe de l'état m à l'état n doit être précisément égal à celui des molécules qui subissent la transformation inverse. Avec les hypothèses faites, cette condition s'écrit :

$$F(\lambda T)\lambda^{-5}d\lambda[\beta N_n — \alpha N_m] = \gamma N_m \qquad (40)$$

et cela peut être considéré comme une relation qui détermine $F(\lambda T)$ et par suite qui détermine la loi de distribution de l'énergie rayonnante.

En accord avec notre formule (32), Einstein suppose que le nombre de molécules dans les états 1, 2, 3..., correspondant aux énergies $\varepsilon_1, \varepsilon_2, \varepsilon_3...$, est :

$$N_m = p_m e^{-\varepsilon_m/RT}, \qquad N_n = p_n e^{-\varepsilon_n/RT}, \quad \text{etc.} \qquad (41)$$

Les facteurs $p_m, p_n..$ peuvent être différents maintenant, puisqu'il n'est plus essentiel, comme auparavant, de supposer que les valeurs des différentielles soient égales dans chacune des configurations $m, n.$ .. Substituant ces valeurs de N_m, N_n, dans l'équation (40) en divisant par $e^{-\varepsilon_m/RT}$, on trouve :

$$P(\lambda T)\lambda^{-5}d\lambda[\beta p_n e^{(\varepsilon_m-\varepsilon_n)/RT} - \alpha p_m] = \gamma p_m \qquad (42)$$

Il est clair que le premier membre de cette équation est indépendant de la température. Quand $T = \infty$, le facteur $F(\lambda T)$ doit être supposé infini, et le facteur entre crochets doit s'évanouir, ce qui exige que $\beta p_n = \alpha p_m$. Cela étant, l'équation prend la forme :

$$F(\lambda T)\lambda^{-5}d\lambda = \frac{\gamma}{\alpha} \, \frac{1}{e^{(\varepsilon_m-\varepsilon_n)/RT} - 1}\cdot \qquad (43)$$

Dans le premier membre, T n'entre que par le produit λT et cela doit être aussi le cas pour le second membre. Donc $\varepsilon_m - \varepsilon_n$ doit être proportionnel à $\dfrac{1}{\lambda}$ ou ce qui est la même chose à la fréquence ν.

Ecrivons donc :

$$\varepsilon_m - \varepsilon_n = h\nu \qquad (44)$$

où h est une constante (qui sera finalement identifiée à la constante de Planck) le facteur $\dfrac{\gamma}{\alpha}$ du second membre ne contient pas du tout la température. Einstein détermine sa valeur par l'hypothèse qu'à une température infinie, le rayonnement doit avoir la valeur assignée par la mécanique classique, de sorte que lorsque $T = \infty$, le second membre (43) doit se réduire à $8\pi RT\lambda^{-4}d\lambda$.

On trouve donc immédiatement comme forme générale de la loi du rayonnement :

$$F(\lambda T)\lambda^{-5}d\lambda = 8\pi RT\lambda^{-4}d\lambda \frac{x}{e^x - 1} \qquad (45)$$

où x est comme auparavant égal à $\dfrac{h\nu}{RT}$; mais h est défini maintenant par l'équation (44).

Nous pouvons remarquer ici que le raisonnement d'Einstein n'implique pas que l'énergie des molécules se présente en quanta complets. Il implique que les molécules peuvent exister seulement à certains états définis et que lorsqu'une molécule saute d'un état à l'autre, le gain ou la perte d'énergie est toujours un quantum complet d'énergie rayonnante absorbée ou émise. On peut résumer les hypothèses d'Einstein comme suit :

Les échanges d'énergie entre la matière et le rayonnement se font toujours par quanta complets d'énergie rayonnante.

Pour comparer, nous pouvons remarquer que les hypothèses à la base de notre premier raisonnement (§ 21) se résument en ces termes :

L'énergie rayonnante, considérée sous forme de vibrations d'un milieu — l'éther — peut exister seulement en quanta complets ;
alors que la première méthode de Planck (§ 22) impliquait que :

L'énergie des résonateurs vibrants ne peut exister qu'en quanta complets.

24. — La discussion d'un autre problème mathématique trouve tout naturellement sa place dans ce chapitre. L'hypothèse que les variations d'énergie des résonateurs ou des vibrations suivent les lois de Newton conduit, comme nous l'avons vu, à la formule de Lord Rayleigh pour la partition de l'énergie rayonnante en équilibre de température avec la matière, alors que l'hypothèse que ces changements se font par sauts de $\varepsilon = h\nu$ conduit à la loi de Planck. Le problème inverse se pose, au moins dans le cas spécial de la loi de Planck qui est conforme avec l'observation. On le formule ainsi : Etant donné que la partition finale de l'énergie est celle qui est donnée par la loi de Planck, quelles sont les lois du mouvement qu'il faut postuler pour que le système obéisse à cette loi ?

Ce problème a été résolu complètement par Poincaré [1]. En 1921, R. H. Fowler [2] a fait remarquer une lacune dans la rigueur de la partie mathématique du raisonnement de Poincaré et il la combla. Le résultat obtenu par Poincaré, et confirmé par Fowler, est brièvement exprimé de la manière suivante : Aucun système de principes ne peut conduire à la loi de Planck, s'il n'implique pas l'hypothèse de la théorie des quanta. « L'hypothèse des quanta est la seule qui conduise à la loi de Planck » [3], malheureusement le mémoire de Poincaré est d'une nature mathématique tellement abstruse qu'il est impossible

---

(1) *Journ. de Phys*, janv. 1912.
(2) *Proc. Roy. Soc.* 99. A, p. 462 (1921)
(3) Poincaré, *l. c.* p. 27.

Théorie des quanta.

de le résumer d'une manière complète et juste ; le lecteur qui désire
en avoir une idée précise est prié de s'y reporter.

Le raisonnement suivant sur la même question [1] quoique moins
complet que celui de Poincaré est fondé sur des idées semblables et il
conduit aux mêmes conclusions.

Considérons le système étudié au § 16, et représentons les valeurs
des quantités θ_1, θ_2 .., dans un espace généralisé, comme nous l'avons
fait ; de nouveau tous les états possibles et les variations du système
sont représentés par des essaims de points mobiles.

Dans l'étude précédente, les systèmes représentés par des points
mobiles étaient supposés obéir aux lois de la mécanique classique. Le
théorème de Liouville assurait qu'il n'y avait aucune concentration des
essaims de points ; ceux-ci se mouvaient indifféremment à travers
tout l'espace, et, comme l'équipartition était une propriété de tout
l'espace, l'équipartition s'ensuivait pour tous les systèmes.

Nous cherchons maintenant un état final différent de l'équipartition,
où il ne faille plus supposer que les essaims de points se meuvent
sans se concentrer comme l'exigerait la dynamique newtonienne.
Quels que soient les systèmes d'équations qui gouvernent le mouvement du système, il faut supposer quelque principe de causalité défini ;
c'est là une condition nécessaire pour que le problème ait un sens.
Un système de particules douées de libre arbitre ne serait pas un
sujet de recherches mathématiques. Il faut supposer alors que les points
mobiles dans l'espace généralisé suivent des trajectoires définies dans
cet espace et que, cela étant, il est possible d'arranger l'essaim initial
des particules de telle sorte que la densité reste toujours la même et ne
varie pas [2] pendant que le mouvement s'effectue. Il est dès lors
nécessaire de ne considérer que cet arrangement permanent de densité.

Si les densités de ces essaims des points différaient seulement de
quantités finies, nous serions toujours conduits à l'équipartition de
l'énergie et à la formule du rayonnement (25) du chapitre précédent.
Car en exceptant toujours des fractions infinitésimales, l'équipartition
est valable pour tout l'espace généralisé et ainsi, si la densité était finie
partout, l'équipartition vaudrait pour tous les points représentatifs. La
seule manière d'éviter la formule d'équipartition est de supposer que
la densité des essaims de points, doit être nulle dans tout l'espace

---

(1) *Phil. Mag.*, 40, p. 943 (1910).
(2) Ce point est traité avec beaucoup de détails dans le mémoire de Poincaré,
ou dans celui de l'Auteur, déjà cité, *Phil.*, *Mag.*, 40, p. 943 (1910).

généralisé sauf pour des régions infiniment petites. Il faut isoler des petites régions R_1, R_2,.. dans l'espace généralisé occupées par des essaims denses des points ; dans toutes les autres parties la densité des points doit être nulle ou infinitésimale. Et afin de satisfaire à l'équation de continuité dans l'espace généralisé [équation analogue à celle de l'hydrodynamique], le mouvement des points doit se faire par sauts brusques d'une région R_1, R_2,... à l'autre. Il apparaît ainsi que, pour autant que nous cherchons à éviter la formule d'équipartition (25), nous sommes forcés de supposer des mouvements impliquant des discontinuités de cette espèce.

Ce résultat est entièrement identique à celui qu'a obtenu Poincaré et nous pouvons, sans rompre le raisonnement passer à la discussion qu'il a donnée ([1]) :

« Cela revient à dire que tous les états du système qui correspondent à un même domaine [une même région R] ne peuvent être discernés entre eux, qu'ils constituent un seul et même état, et nous sommes ainsi conduits à l'énoncé suivant, plus précis que celui de M. Planck et qui n'est pas, je crois, contraire à sa pensée.

« *Un système physique n'est susceptible que d'un nombre fini d'états distincts ; il saute d'un de ces états à l'autre sans passer par une série continue d'états intermédiaires.*

« Supposons pour simplifier que l'état du système dépende de trois paramètres seulement, de sorte que nous puissions le représenter géométriquement pour un point de l'espace. L'ensemble des points représentatifs des divers états possibles ne sera pas alors l'espace tout entier, ou une région de cet espace ainsi qu'on le suppose d'ordinaire ce seront un très grand nombre de points isolés parsemant l'espace. Ces points il est vrai sont très serrés, ce qui nous donne l'illusion de la continuité ([2]).

« Tous ces états doivent être regardés comme également probables. En effet, si nous admettons le déterminisme, à chacun de ces états doit nécessairement succéder un autre état, exactement aussi probable

----

([1]) Dernières Pensées, p. 185.

([2]) C'est-à-dire lorsque nous comparons aux phénomènes ordinaires globaux de la matière. Mais en considérant les phénomènes d'ordre atomique, électronique, etc., nous supposons pour ainsi dire un microscope mental et en regardant les points avec lui, on les verra largement séparés. Les calculs donnés au § 29 de ce rapport montreront la grandeur des distances qui les séparent, mesurée à cette échelle. [J.H.J.]

puisqu'il est certain que le premier entraîne le second. On verrait ainsi de proche en proche que si nous partons d'un état initial, tous les états auxquels nous parviendrons un jour ou l'autre sont tous également probables ; les autres ne doivent pas être regardés comme des états possibles.

« Mais nos points représentatifs isolés ne doivent pas être distribués dans l'espace d'une façon quelconque ; ils doivent l'être de telle sorte qu'en les observant avec nos sens grossiers, nous ayons pu arriver aux lois communes de la Dynamique et par exemple à celles de Hamilton. Une comparaison qui serre la réalité de beaucoup plus près qu'il ne paraît, m'aidera peut-être à me faire comprendre. Nous observons un liquide, et nos sens nous invitent d'abord à croire que c'est de la matière continue, une expérience plus précise nous montre que ce liquide est incompressible, de telle sorte que le volume d'une portion quelconque de matière demeure constant. Des raisons quelconques nous portent ensuite à penser que ce liquide est formé de molécules très petites et très nombreuses, mais discrètes ; nous ne pouvons plus cependant imaginer une distribution de ces molécules en n'imposant aucune entrave à notre fantaisie ; il faudra, à cause de l'incompressibilité, supposer que deux petits volumes égaux contiennent le même nombre de molécules. Pour la distribution des états possibles, M. Planck se trouve soumis à une restriction analogue [et c'est ce qu'il exprime par les équations que j'ai citées plus haut et que je ne puis expliquer ici davantage].

« On pourrait, il est vrai, imaginer des hypothèses mixtes ; supposons encore que le système physique ne dépende que de 3 paramètres et que son état puisse être représenté par un point de l'espace. L'ensemble des points représentatifs des états possibles pourra n'être ni une région de l'espace, ni un essaim de points isolés ; il pourra se composer d'un grand nombre de petites surfaces ou de petites courbes séparées les unes des autres ; soit par exemple que l'un des points matériels du système puisse décrire seulement certaines trajectoires, mais les décrive d'une manière continue sauf quand il saute d'une trajectoire à l'autre sous l'influence des points voisins ; cela pourra être le cas des résonateurs dont nous avons parlé plus haut ; ou bien encore, l'état de la matière pondérable pourrait varier d'une manière discontinue, avec un nombre fini d'états possibles seulement, tandis que l'état de l'éther varierait d'une manière continue. [Rien de tout cela ne serait incompatible avec la pensée de M. Planck] ».

25. Tout cela découle simplement de l'hypothèse, ou mieux du fait, que l'énergie dans le spectre n'obéit pas à la formule d'équipartition de la mécanique. Considérons maintenant quelle forme particulière dé discontinuités, il faut postuler pour arriver à la loi de Planck.

Soit E l'énergie totale du système supposée formée de parties séparées E_1, E_2... cette division étant effectuée de telle sorte que E_1 ne dépende que d'un certain groupe de coordonnées θ_1, θ_2..., E_2 seulement d'un autre groupe de coordonnées, etc..., aucune des coordonnées ne pouvant entrer dans plus d'un groupe.

Soit $W_{E_1}\, dE_1$ la fraction du nombre total des points pour laquelle E_1 a une valeur comprise entre E_1 et $E_1 + dE_1$; soit $W_{E_2}\, dE_2$ la même fraction pour E_2, etc. Alors [1] la proportion de tous les points pour laquelle E_1, E_2... sont compris dans les limites indiquées, que nous représenterons par WdE_1dE_2..., est :

$$WdE_1dE_2... = (W_{E_1}dE_1)(W_{E_2}dE_2)...$$

et W_{E_1} est une fonction de E_1 seulement, W_{E_2} de E_2 seulement, etc...

Les valeurs les plus probables de E_1, E_2... seront celles qui rendent W maximum, c'est-à-dire pour lesquelles $\delta W = o$. Nous avons :

$$\frac{\delta W}{W} = \frac{1}{W_{E_1}}\frac{\partial W_1}{\partial E_1}\,\delta E_1 + \frac{1}{W_{E_2}}\frac{\partial W_{E_2}}{\partial E_2}\,\delta E_2 + ... \qquad (46)$$

L'énergie E totale du système est :

$$E = E_1 + E_2 + ...$$

et par suite :

$$\delta E = \delta E_1 + \delta E_2 + ... = o \qquad (47)$$

δW exprimé par (46) doit être nul quand δE_1, δE_2... sont quelconques à cela près que ces variations satisfont tout de même à (47), cela entraîne :

$$\frac{1}{W_{E_1}}\frac{\partial W_{E_1}}{\partial E_1} = \frac{1}{W_{E_2}}\frac{\partial W_{E_2}}{\partial E_2} = ... \qquad (48)$$

Si une partie de système, disons celle d'énergie E_s est supposée être un thermomètre à gaz, la valeur de la dérivée correspondante $\frac{1}{W_{E_s}}\frac{\partial W_{E_s}}{\partial E_s}$ peut être immédiatement calculée, elle vaut $\frac{1}{RT}$: Donc l'ensemble de valeurs pour E_1, E_2,... le plus probable est celui

---

[1] Pour plus de détails, cf. *Phil. Mag.*, décembre 1910.

qui est donné par les équations :

$$R \frac{\partial}{\partial E_1} (\log W_{E_1}) = R \frac{\partial}{\partial E_2} (\log W_{E_2}) = \ldots = \frac{1}{T} \qquad (49)$$

ou

$$\frac{\partial S}{\partial E_1} = \frac{\partial S}{\partial E_2} = \ldots \frac{1}{T} \qquad (50)$$

où $S = R \log W$. Il est dès lors possible d'identifier S avec l'entropie [1] ; les valeurs de E_1, E_2,... les plus probables sont simplement celles qui rendent l'entropie maximum. Il est facile de montrer que, pour tout système formé d'un très grand nombre de parties, les régions dans l'espace représentatif pour lesquelles W est réellement un maximum sont beaucoup plus grandes que toutes les autres réunies. Par conséquent $\delta W = 0$ ou $\delta S = 0$ donnent la condition de l'état stable. Puisque $S = R \log W$, l'état stable est simplement alors celui pour lequel l'entropie est maximum.

Les équations qui expriment cette condition sont les équations (50) qui sont simplement l'expression du second principe de la thermodynamique.

26. Pour examiner quelles conditions conduiront à l'équation de Planck pour l'état stable, il nous suffit d'identifier la condition exprimée par (49) ou (50) avec celle qu'exprime la formule de Planck.

Malheureusement l'identification s'effectue de manières différentes suivant les diverses interprétations physiques du rayonnement. Si l'on considère le rayonnement comme les vibrations d'un milieu — l'éther — alors la formule de Planck montre que l'énergie E_1 de M vibrations de fréquence ν (par seconde) est [cf. équation (34)].

$$E_1 = \frac{M\varepsilon}{e^{\varepsilon/RT} - 1}$$

où $\varepsilon = h\nu$; d'où en résolvant par rapport à $\frac{1}{T}$:

$$\frac{1}{T} = \frac{R}{\varepsilon} \log \left\{ 1 + \frac{M\varepsilon}{E_1} \right\} ;$$

et, en vertu de (49)

$$\frac{1}{T} = R \frac{\partial}{\partial E_1} (\log W_{E_1}).$$

Donc :

$$\frac{\partial}{\partial E_1} (\log W_{E_1}) = \frac{1}{\varepsilon} \log \left(1 + \frac{M\varepsilon}{E_1} \right)$$

[1] Boltzmann, Vorlesungen über Gastheorie, I, § 6.

d'où par intégration :

$$\log W_{E_1} = \left(M + \frac{E_1}{\varepsilon} \right) \log \left(M + \frac{E_1}{\varepsilon} \right) - \frac{E_1}{\varepsilon} \log \frac{E_1}{\varepsilon} + \text{const.}$$

Posons $\dfrac{E_1}{\varepsilon} = P$ et utilisons la formule de Stirling pour l'approximation des factorielles, nous obtenons :

$$W_E = C \frac{(M + P)\,!}{P\,!}$$

où C est une constante. Mais $\dfrac{(M + P)\,!}{P\,!}$ est le nombre de manières dont P objets peuvent être disposés dans M boîtes, ou pour notre présent propos, le nombre de manières dont P unités d'énergie peuvent être distribuées entre M vibrations capables de contenir de l'énergie. Par conséquent, la formule de Planck est obtenue en supposant que l'énergie totale E_1 est divisée en P unités $\left(\text{chacune de valeur } \varepsilon = h\nu \text{ puisque } P = \dfrac{E_1}{\varepsilon}\right)$ et que celles-ci sont réparties sur M vibrations. D'ailleurs il a été vu que cette voie pour arriver à la formule de Planck doit être unique.

27. Ce résultat est le même que celui auquel Poincaré est arrivé dans le mémoire cité plus haut, mais la méthode de Poincaré permet de faire un pas de plus. La loi de Planck, si elle est absolument vraie, doit, comme on l'a vu, exiger les discontinuités de la théorie des quanta. Mais comme Poincaré le remarque [1], une loi trouvée expérimentalement n'est jamais qu'une approximation. Pouvons-nous imaginer des lois telles que leurs différences avec la loi de Planck fussent de l'ordre des erreurs d'observation, mais telles qu'elles impliqueraient un système de lois dynamiques fondées sur la continuité ?

Cette question a déjà été élucidée au § 23, et dans le mémoire de Poincaré on trouve une deuxième réponse négative. On y voit que ni petits écarts, ni écarts finis même, à la loi de Planck ne suppriment la nécessité de la discontinuité. Poincaré montre définitivement et d'une manière péremptoire, que le simple fait que le rayonnement total à une température finie soit fini [phénomène crucial énoncé au § 2] exige que le mouvement soit en quelque manière discontinu : [2]

« Quelle que soit la loi du rayonnement, si l'on suppose que le rayonnement total est fini, on serait conduit à une fonction représentant des discontinuités analogues à celles que donne l'hypothèse des quanta ».

[1] *Loc. cit.*, p. 27.
[2] *L. c.*, p. 29.

Il semble dès lors qu'il a été surabondamment prouvé que les échanges d'énergie doivent en quelque manière s'effectuer par sauts ou par saccades de valeur $\varepsilon = h\nu$, mais l'analyse mathématique ne donne pas d'indication sur la nature physique de ces processus. Ce problème physique qui consiste à savoir quand, où et comment les sauts arrivent, peut être résolu avec beaucoup moins de certitude que le problème mathématique dont la solution a prédit des sauts d'énergie avec un haut degré de certitude. C'est au dernier chapitre que nous nous occuperons du problème physique; nous allons considérer quelques conséquences purement numériques de la solution mathématique obtenue.

28. La formule donnée par la mécanique newtonnienne pour la partition du rayonnement du corps noir était

$$8\pi RT\,\lambda^{-4}d\lambda \qquad\qquad (51)$$

alors que celle que donne la théorie des quanta est la même formule multipliée par

$$\frac{x}{e^x - 1} = \frac{1}{1 + \frac{1}{2}x + \frac{1}{6}x^2 + \frac{1}{24}x^3 + \dots}$$

où

$$x = \frac{\varepsilon}{RT} = \frac{h\nu}{RT}.$$

Le développement en série du dénominateur montre que l'énergie donnée par la loi de Planck est toujours moindre que celle que donne la formule (51); la différence entre les deux valeurs croît lorsque x croît, c'est-à-dire lorsqu'on passe aux hautes fréquences ou aux basses températures. La table suivante donne des valeurs de $\dfrac{x}{e^x - 1}$ pour différentes valeurs de x :

x	$x/(e^x - 1)$	x	$x/(e^x - 1)$
0,0	1,000	2,0	0,313
0,2	0,903	2,4	0,239
0,4	0,813	2,8	0,181
0,6	0,730	3,2	0,136
0,8	0,653	3,6	0,101
1,0	0,582	4,0	0,0764
1,2	0,517	4,5	0,0505
1,4	0,458	5,0	0,0339
1,6	0,405	6,0	0,0149
1,8	0,357	7,0	0,0064

Une représentation graphique de la formule de Planck et de la for·
mule (51) toutes les deux en fonction de la *fréquence* est donnée dans la
figure 1 ; la courbe déliée représentant la formule (51), la courbe pleine
donnant la formule de Planck. La différence caractéristique entre les deux
formules est, sans doute, que la grandeur (51) croît indéfiniment lorsque
la fréquence croît, alors que la formule de Planck fait passer l'énergie
par un maximum et la fait décroître ensuite très rapidement vers zéro.

29. On a trouvé que la formule de Planck représente la distribution d'énergie expérimentalement observée si

$$h = 6{,}55 \times 10^{-27} \text{ erg} \times \text{seconde.}$$

La valeur du quantum d'énergie pour chaque longueur d'onde peut

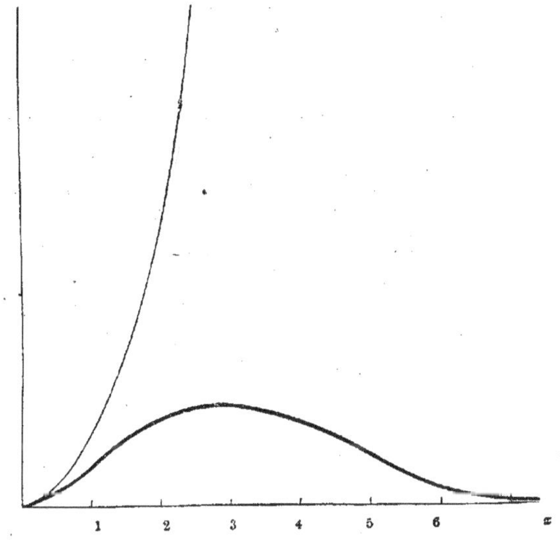

Fig. 1.

s'obtenir aisément. Par exemple, pour les raies D, on a $\nu = 5.10^{14}$,
et par conséquent :

$$\varepsilon = h\nu = 3{,}28 \times 10^{-12} \text{ erg.}$$

On peut comparer cela avec les énergies rencontrées dans la théorie
cinétique des gaz. A 0°C, $RT = 3{,}75 \times 10^{-14}$ erg, et par conséquent l'énergie d'un atome de vapeur de mercure, à 0°, est

$$5,6 \times 10^{-14} \text{ erg ;}$$

le quantum de lumière jaune est environ égal à l'énergie de *soixante* atomes de mercure ou d'un autre gaz monoatomique à 0°.

L'énergie par atome d'un solide incandescent est 3RT ou 4×10^{-16}T. Le rayonnement émis par un solide à la température T a son ordonnée maximum λ_{max} donnée par la condition

$$\lambda_{max} . T = 0{,}29^{cm} \times \text{deg.}$$

L'énergie d'un quantum de lumière de cette longueur d'onde est

$$\varepsilon = \frac{hV}{\lambda_{max}} = 7 \times 10^{-16}T,$$

de sorte que le quantum de lumière d'une couleur quelconque contient à peu près autant d'énergie que deux atomes d'un solide à la température à laquelle la lumière de cette couleur a été émise.

Il apparaît ainsi que le quantum n'est en aucune manière une petite quantité d'énergie quand on le compare aux énergies atomiques.

30. Des M vibrations dues à des résonateurs matériels ou à de la lumière, considérés au § 21, N étaient censés ne posséder aucune énergie. Donc la fraction $\dfrac{M - N}{M}$ du tout possède seule de l'énergie ; la valeur de cette fraction, d'après l'équation (33) est e^{-2ht} ou $e^{-\varepsilon/RT}$. Si ε/RT est grand, il n'y a qu'une petite fraction des vibrations qui posséderont de l'énergie ; la majorité sera au repos.

Par exemple à 0°C, RT $= 3.75 \times 10^{-14}$ erg, et le quantum de lumière jaune est $3{,}28 \times 10^{-12}$ erg, de sorte que $\dfrac{\varepsilon}{RT} = 87$ environ, et $e^{\varepsilon/RT} = 10^{-38}$ environ. Si nous supposons que chaque molécule dans une masse de matière à 0° s'est associée une vibration de fréquence égale à celle des raies D, alors une sur 10^{39} de ces vibrations aura quelque énergie. Une seule molécule dans 5×10^{10} tonnes aura de l'énergie provenant de cette vibration.

Correspondant à la longueur d'onde λ_{max}, la valeur du quantum est donnée par $\varepsilon = 4{,}965$ RT de sorte que relativement à la lumière de longueur d'onde λ_{max} à une température, une seule vibration sur $e^{4{.}965}$ soit une sur 140 aura de l'énergie. Donc dans une masse de fer chauffée au rouge moins de 1°/₀ des vibrations rouges ont de l'énergie; le reste 99 °/₀ est parfaitement inerte.

CHAPITRE IV

LE SPECTRE DES ÉLÉMENTS
ET L'ÉMISSION DU RAYONNEMENT

---

31. Dans les deux derniers chapitres on a vu que l'analyse mathématique conduit aux résultats suivants parfaitement définis :

1° L'état final stable de tout système dans lequel les lois de la mécanique newtonienne sont vraies, doit être tel que la partition de l'énergie rayonnante, en équilibre de température avec la matière, soit donnée par la formule

$$8\pi RT\lambda^{-4}dx \qquad (52)$$

2° Pour obtenir un état final dans lequel la partition de l'énergie est donnée par la loi de Planck, et par suite est conforme à l'observation, le mouvement du système doit être gouverné par les lois de la théorie des quanta.

Les lois de la théorie des quanta ont été obtenues seulement sous la forme mathématique $\varepsilon = h\nu$, avec la restriction que des échanges d'énergie en quantité égale à des fractions du quantum ε ne peuvent pas se produire. Ces lois ne forment pas un système complet de lois dynamiques ; en effet il serait hardi d'imaginer que le système complet des lois qui gouvernent les phénomènes ultimes de la nature fût obtenu à partir de l'étude de l'unique phénomène qu'est le rayonnement du corps noir. Ces lois, pour autant que nous avons été capables de les obtenir, ne donnent aucun renseignement sur les mouvements qui ne sont pas des mouvements vibratoires ; elles ne renseignent pas non plus sur les vibrations qui ne sont pas parfaitement isochrones ; elles postulent que les échanges d'énergie se font par multiples entiers du quantum ε, mais elles n'expliquent ni quand, ni comment, ces échanges ont lieu. Enfin elles ne donnent aucune indication sur le siège de ces quanta, ni comment il faut s'attendre à les trouver dans le rayonnement. ou dans la matière.

Pour autant que l'on reste dans le problème du rayonnement, la formule donnée par les lois newtoniennes donnait une bonne approximation de la réalité lorsque x était petit, c'est-à-dire lorsque

$$x = \frac{h\nu}{RT} \tag{53}$$

était petit.

Le numérateur de la fraction x est $h\nu$, le quantum d'énergie ; le dénominateur est RT, c'est l'énergie moyenne d'une vibration de grande longueur d'onde, ce serait l'énergie moyenne de toutes les vibrations si les lois de Newton étaient vraies. Quand cette quantité RT contient beaucoup de quanta, x est petit ; quand elle en contient peu, x est grand. Donc le rayonnement du corps noir suggère que les lois newtoniennes commencent à être insuffisantes quand l'énergie moyenne RT ne contient pas un grand nombre de quanta. Peut-être, ce qu'il faut attendre alors de la théorie des quanta, ce n'est pas qu'elle annihilera notre confiance dans les lois de Newton, mais plutôt qu'elle étendra et amplifiera ces lois de manière à englober les grandes valeurs de x dans le problème du rayonnement et à procéder de même pour les autres problèmes.

Plusieurs cas semblables où des lois de la physique ont présenté d'apparents insuccès suggèrent ces idées. Les lois des gaz commencent à n'être plus exactes quand les gaz ne contiennent pas un grand nombre de molécules, les lois de l'électricité font défaut quand les charges de ces courants ne contiennent pas un grand nombre d'électrons, et ainsi de suite. Les lois qui apparaissent en défaut sont applicables aux phénomènes globaux, aux phénomènes à grande échelle. La loi de Boyle ([1]) est, pour ainsi dire, trop grossière pour s'appliquer aux molécules isolées ; la loi d'Ohm est trop grossière pour s'appliquer à peu d'électrons. De la même manière, les lois de Newton sont trop grossières pour s'appliquer à un ou à quelques quanta.

Nous avons vu cependant que les lois de Newton paraissent s'appliquer, avec une certaine approximation, au problème du rayonnement quand x est petit, c'est-à-dire quand T est très grand ou quand ν est très petit. Quand T est très grand l'énergie est très abondante ; il y a beaucoup de quanta en jeu, et l'atomicité des quanta n'entre pas en

---

([1]) ou de Mariotte comme on dit sur le continent (N.d.T.)

ligne de compte. Quand ν est très petit, les quanta $h\nu$ sont très petits et de nouveau l'atomicité n'entre pas en ligne de compte.

L'atomicité impliquée n'est pas nécessairement une atomicité d'énergie. RT est une moyenne d'énergie, $\dfrac{1}{\nu}$ est le temps d'une vibration, donc $\dfrac{RT}{\nu}$ est une quantité physique dont les dimensions sont : énergie $\times$ temps. On sait qu'une telle grandeur s'appelle une action. Donc les lois de Newton sont valables quand l'action $\dfrac{RT}{\nu}$ est grande comparée à l'action h, dont la valeur, expérimentalement connue est $6,55 \times 10^{-27}$ erg $\times$ seconde.

Une autre manière de considérer la question serait de supposer que l' « action » est atomique ; il y aurait un atome universel d'action de valeur h, les lois de Newton ne tiendraient pas compte de cette atomicité et elles seraient ainsi des approximations valables seulement quand la quantité d'action en vue serait un très grand multiple de h. Cette manière de concevoir les choses n'est pas limitée aux problèmes portant sur des vibrations isochrones (1).

Pour trouver d'autres phénomènes pour lesquels les lois de Newton ne conviennent pas, il est naturel d'examiner précisément ceux pour lesquels la température est très basse, ou ceux pour lesquels la fréquence d'une vibration est très grande, ou ceux dont le processus implique une faible « action » ; chacune des parties de cette alternative, conduit en fait à un phénomène important en connexion avec la théorie des quanta : ce sont les phénomènes relatifs aux chaleurs spécifiques aux basses températures ; les phénomènes présentés par les spectres de raies des éléments, et enfin les phénomènes dus à l'effet photo-électrique. Nous commencerons par l'étude des spectres de raies.

Le problème des spectres de raies des éléments.

32. Tant que les physiciens ne croyaient qu'à la mécanique newtonienne, presque toutes les caractéristiques d'un spectre de raies présentaient des difficultés. L'observation de l'émission et de l'absorption

---

(1) Cependant Poincaré a fait remarquer qu'il est difficile de parler d'une atomicité de l'action, alors que l'action ne se conserve pas. [*Cf.* un article récent de M. L. de Broglie, dans la *Rev. gén. des Sciences*, 30 nov. 1924] (N. D. T.)

suggérait que le spectre était une manifestation, soit des oscillations autour d'un état de mouvement stable, soit des vibrations autour de l'état de repos du système dynamique formant l'atome. La découverte de l'effet Zeeman et son explication donnée par Lorentz en fonction de la théorie électronique, paraissaient confirmer ces conjectures et fournissait le renseignement supplémentaire que les charges mobiles qui étaient à l'origine de la lumière émise étaient des électrons.

La première difficulté sérieuse, à ce point de vue, en était une qui se présenta à Maxwell et à Lord Kelvin. Chaque raie spectrale représentait une vibration séparée de l'atome et chaque vibration devait — conformément au théorème de l'équipartition de l'énergie, — avoir une énergie égale à RT. Donc un gaz avec n raies dans son spectre devait avoir une énergie nRT par atome, due à ses vibrations spectrales. Mais l'énergie totale du mercure est seulement $\dfrac{3}{2}$ RT par atome, elle est complètement formée par l'énergie cinétique du mouvement des atomes; l'énergie totale de l'hydrogène est seulement $\dfrac{5}{2}$ RT par molécule, et ainsi de suite.

33. La difficulté du problème n'a été en aucun sens diminuée par la connaissance plus précise de la constitution de l'atome. D'après les recherches de Rutherford et de ses élèves, on admet maintenant, d'une manière générale, que l'atome consiste en un noyau central d'électricité positive, autour duquel se trouvent un certain nombre d'électrons négatifs. Quand l'atome est à l'état neutre [non chargé] le nombre de ses électrons est tel, que leur charge totale est exactement égale et opposée à la charge du noyau. Le nombre des électrons est égal au « nombre atomique » de l'élément.

Des expériences variées sur la déviation des particules α et β ont montré que la loi de force due au noyau central, est celle de l'inverse du carré de la distance pour toutes les valeurs jusqu'aux distances de l'ordre de 10^{-12} cm. Or plusieurs genres de recherches montrent que la distance du noyau aux électrons extérieurs d'un atome est beaucoup plus grande que cela ; cette distance est de l'ordre de 10^{-8} cm. Donc les électrons extérieurs sont dans un champ de force, dont la loi est celle de l'inverse du carré de la distance, et l'on sait qu'il ne peut pas y avoir d'équilibre statique stable dans un tel champ. On suppose en général que les électrons sont par suite en mouvement sur des orbites autour du noyau.

De ce point de vue, l'atome neutre d'hydrogène est formé d'un noyau central de charge $+e$, autour duquel un électron négatif de charge $-e$ a un mouvement de révolution; l'atome neutre d'hélium est formé d'un noyau central de charge $+2e$ avec deux électrons négatifs tournant autour de lui, etc. Il est possible que l'atome d'hélium perde l'un de ses électrons; il devient alors un atome chargé positivement; il est alors formé d'un noyau $+2e$ autour duquel gravite un électron $-e$.

34. Considérons maintenant le système atomique le plus simple, l'atome normal d'hydrogène. Supposons que ses deux constituants, le noyau et l'électron, agissent l'un sur l'autre suivant la loi ordinaire de l'électrostatique, c'est-à-dire la loi de l'inverse du carré de la distance, et que le mouvement s'effectue suivant la loi classique de Newton de l'accélération proportionnelle, en grandeur et direction, à la force· Alors le noyau positif étant approximativement 1.845 fois plus massif que l'électron, restera pratiquement au repos pendant que l'électron décrira une orbite elliptique autour de lui. La radiation qui sera émise — selon l'électrodynamique classique — par un électron décrivant une telle orbite, peut se calculer sans doute avec exactitude, mais pour notre dessein, il est suffisant de noter une caractéristique générale de la radiation émise. Tant que le rayonnement s'effectue, l'énergie de l'atome diminue, et l'orbite se rétrécit, se resserre continuellement. Par conséquent, dans une collection d'atomes d'hydrogène, il y aura des orbites de toutes les formes possibles et par conséquent de toutes les périodes. Le rayonnement émis sera par suite de toutes les fréquences, en d'autres termes, le spectre sera continu. Attendu que le spectre de l'hydrogène est formé de raies nettement définies, il est clair que le mouvement des deux constituants de l'atome d'hydrogène et l'émission de leur rayonnement ne peuvent pas être gouvernés par les lois de l'électrodynamique classique.

De la manière dont nous avons argumenté, il est possible d'imaginer que c'est, ou bien la loi de force électrostatique qui ne convient pas, ou bien que ce sont les lois de l'électrodynamique classique qui sont en défaut. On a cependant vu rapidement que le spectre de raies ne peut pas être obtenu par l'altération simple de la loi de force électrostatique alors qu'on conserve le reste de la dynamique classique. Pour produire une raie spectrale, la loi de force devrait être telle que les orbites fussent isochrones, des orbites de toute grandeur devraient être décrites avec des périodes précisément égales. Or on montre aisément que la loi de force qui conduit à cette propriété de l'isochronisme est celle pour laquelle la force varie proportionnellement à la distance et cette loi de force est à rejeter par suite des résultats sur la dispersion des rayons α et β. Nous concluons de là que le spectre de raies observé pour l'hydrogène ne peut s'expliquer que si l'on altère les lois de la dynamique classique. En outre, le nouvel ensemble de lois dynamiques doit laisser place en quelque manière à la discontinuité, car la continuité entraînerait finalement un spectre continu, comme on peut le montrer rapidement.

Des conclusions semblables avaient été obtenues quand nous étudiions le spectre du rayonnement du corps noir. Dans cet exemple, il était possible (§ 25), au moyen de la connaissance du spectre observé, de trouver une bonne partie de la nature des discontinuités des lois dynamiques. Mais dans le problème en question maintenant, un tel procédé n'est malheureusement pas possible ; si nous connaissons les lois du mouvement, nous pouvons déterminer le spectre, mais il n'est pas possible, connaissant le spectre, de déterminer les lois du mouvement. Ce problème inverse peut être résolu seulement par des méthodes de tâtonnement.

En juillet 1913, le Professeur Niels Bohr, ([1]) de Copenhague, proposa une solution qui rencontra une faveur immédiate, parce qu'elle donnait une explication de beaucoup de choses qui avaient défié la mécanique classique, et qui après quelques modifications très légères, a obtenu le consentement presque universel grâce à la parfaite conformité de ses conséquences avec l'observation.

Théorie de Bohr des spectres de raies

35. Bohr considère en premier lieu le cas le plus simple d'un atome formé de deux constituants : l'électron de masse m et de charge $- e$ décrit une orbite autour d'un noyau de charge E et de masse M assez grande pour que le noyau puisse être considéré au repos en première approximation. Il suppose que la force entre l'électron et le noyau est celle de l'inverse du carré de la distance et pour commencer, il considère les seules orbites circulaires.

([1]) *Phil. Mag.* 26, p. 1 et p. 476 (1913) et des mémoires ultérieurs dans le *Phil. Mag.*

Soit ω la fréquence des révolutions de l'électron sur un orbite, de sorte que $2\pi\omega$ est la vitesse angulaire avec laquelle cette orbite est décrite. Alors suivant la mécanique newtonienne, la condition pour qu'une orbite circulaire soit possible, son rayon étant a, s'écrit :

$$- \frac{e\mathrm{E}}{a^2} = (2\pi\omega)^2 ma.$$

L'énergie cinétique de l'électron est $\frac{1}{2} m(2\pi\omega a)^2$ ou $\frac{1}{2}\frac{e\mathrm{E}}{a}$. Le travail nécessaire pour mouvoir cet électron de son orbite jusqu'à une position de repos à l'infini est $\frac{e\mathrm{E}}{a} - \frac{1}{2} m(2\pi\omega a)^2$, soit $\frac{1}{2}\frac{e\mathrm{E}}{a}$. Si l'on désigne cette quantité — l'énergie changée de signe de l'orbite — par W on trouve :

$$2a = \frac{e\mathrm{E}}{\mathrm{W}} ; \quad \omega = \frac{\sqrt{2}}{\pi}\ \frac{\mathrm{W}^{\frac{3}{2}}}{e\mathrm{E}\sqrt{m}}. \tag{55}$$

Ces équations ont été obtenues par le moyen de la mécanique newtonienne. Conformément à cette mécanique, la perte d'énergie W doit aller en croissant quand l'énergie est dissipée par rayonnement, de sorte que a décroîtrait et ω croîtrait. L'orbite se resserrerait de plus en plus et l'électron graviterait sur son orbite de plus en plus vite jusqu'à ce qu'il tombe sur le noyau, et ce procédé se poursuivant, le spectre émis par le système subirait naturellement des changements continus. Ces considérations illustrent d'une manière catégorique l'incapacité de la vieille mécanique à rendre compte des spectres de raies.

36. Pour éluder ces difficultés, Bohr introduit une hypothèse qui n'est pas incompatible avec la théorie des quanta et qui se rapporte étroitement à elle. On a déjà remarqué que la théorie des quanta n'est pas en elle-même un système dynamique complet, et qu'on ne doit pas s'attendre à ce qu'elle donne par elle-même un compte rendu complet des phénomènes. Le système dynamique complet dont elle est une partie n'a pas encore été trouvé, et l'hypothèse de Bohr est une tentative pour ajouter une autre pierre à l'édifice déjà ébauché par l'équation de Planck $\varepsilon = h\nu$.

L'hypothèse de Bohr, introduite à présent pour le seul système atomique avec un électron est contenue dans l'équation :

$$\mathrm{W} = \frac{1}{2} \tau h\omega \tag{56}$$

où h est la constante de Planck, et τ un entier. Des interprétations physiques variées peuvent être données à cette équation. La plus simple est peut-être la suivante : Le moment de la quantité de mouvement de l'électron sur son orbite est $2\pi m\omega a^2$ ou $\dfrac{W}{\pi\omega}$. L'hypothèse de Bohr (56) le fait égal à $\dfrac{\tau h}{2\pi}$, c'est-à-dire à un multiple entier de la constante universelle $\dfrac{h}{2\pi}$; elle est donc équivalente à l'hypothèse que le moment de la quantité de mouvement est atomique et que $\dfrac{h}{2\pi}$ en est l'unité. Une autre interprétation physique, moins simple, mais plus dans la ligne de la dynamique générale des quanta, provient de ce que dans une orbite circulaire l'énergie cinétique T est égale à W. L'équation (56) exprime donc que l'énergie cinétique de l'orbite doit être un multiple entier de $\dfrac{1}{2} h\nu$, ν étant la fréquence de l'orbite. Cela peut se comparer à l'hypothèse de Planck, que l'énergie totale, cinétique et potentielle, d'un vibrateur doit être un multiple entier de $h\nu$, ν étant la fréquence de l'oscillateur.

L'effet de l'hypothèse de Bohr est, évidemment, d'empêcher les variations continues de W, a et ω, qui seraient exigées par la mécanique newtonienne. Les valeurs de W, a et ω sont alors, d'après (55) et (56) :

$$W = \frac{2\pi^2 m e^2 E^2}{\tau^2 h^2}, \qquad 2a = \frac{\tau^2 h^2}{2\pi^2 m e E}, \qquad \omega = \frac{4\pi^2 m e^2 E^2}{\tau^3 h^3} \qquad (57)$$

Au lieu de faire varier τ continuement comme dans la mécanique ancienne, on lui assigne des valeurs entières. Pour se rendre compte jusqu'à quel point la différence est complète entre ces deux ensembles de lois, il suffit de considérer les variations du moment de la quantité de mouvement dans les deux cas. D'après la mécanique classique, l'électron subit une force retardatrice, F, égale à $\dfrac{2}{3}\dfrac{e^2}{V^3}(2\pi a\omega)$, due à son interaction avec l'éther, et la dérivée de la perte du moment de la quantité du mouvement $\dfrac{\tau h}{2\pi}$ est donnée par l'équation :

$$\frac{h}{2\pi}\frac{d\tau}{dt} = -F,$$

alors que, avec la nouvelle hypothèse de Bohr, $\dfrac{d\tau}{dt}$ n'a pas de signification du tout.

L'effet de restreindre τ aux valeurs entières est de limiter les valeurs de W, ω et a à certains ensembles discrets. Donc a ne peut pas diminuer graduellement et l'électron est assujetti à décrire des orbites circulaires de rayon égal à l'une des valeurs :

$$a = \frac{\tau^2 h^2}{4\pi^2 m e E}$$

où $\tau^2 = 1, 4, 9, 16, 25\ldots$ Puisque a ne peut pas subir des variations légères, il ne peut pas y avoir d'oscillations dans le plan de l'orbite, et le fait, souligné par Nicholson que de telles oscillations du point de vue de l'ancienne mécanique, seraient instables n'est plus une objection. L'atome neutre d'hydrogène sera celui pour lequel la perte d'énergie a été la plus grande, il est ainsi donné par $\tau = 1$. En passant aux valeurs numériques, on trouve que le diamètre de l'orbite est $2a = 1,06 \times 10^{-8}$ cm ; il est certainement de l'ordre de grandeur exact. Mais c'est une partie essentielle de la théorie de Bohr qu'il puisse y avoir des atomes d'hydrogène 4, 9, 16, 25... fois comme celui-ci.

37. Le rayon de l'orbite de l'électron d'un atome particulier n'est pas censé fixé pour toutes les valeurs du temps, et il convient de considérer la possibilité d'un rétrécissement subit d'une orbite où $\tau = \tau_1$ à une orbite où $\tau = \tau_2$. La théorie de Bohr ne dit pas quand ce rétrécissement a lieu, ni comment il arrive, mais les équations précédentes montrent que quand il se produit, le système subit une perte d'énergie δW donnée par l'équation :

$$\delta W = W\tau_2 - W\tau_1 = \frac{2\pi^2 m^2 e^2 E^2}{h^2} \left(\frac{1}{\tau_2^2} - \frac{1}{\tau_1^2} \right) \qquad (58)$$

Bohr suppose que toute cette énergie, soudainement libérée de l'atome, passe dans l'espace sous la forme d'un rayonnement absolument monochromatique. Il suppose ensuite que *la valeur de ce rayonnement est exactement d'un quantum*. Donc δW, donné par l'équation (58) doit être égal à l'ε de l'équation de Planck (38), et par suite égal à $h\nu$. δW est égal évidemment à $\varepsilon_m - \varepsilon_n$ de l'équation d'Einstein (44) et égal de nouveau à $h\nu$ [1].

L'équation δW $= h\nu$, d'après Bohr, détermine la fréquence de la lumière monochromatique émise. En écrivant que le second membre

(1) La méthode d'Einstein pour obtenir la formule du rayonnement paraissait être un aspect de la théorie de Bohr, de laquelle elle se réclamait.

de (58) est égal à $h\nu$, on trouve que la fréquence est :

$$\nu = \frac{1}{N}\left(\frac{1}{\tau_2^2} - \frac{1}{\tau_1^2}\right) \qquad (59)$$

avec

$$N = \frac{2\pi^2 me^2 E^2}{h^3} \qquad (60)$$

D'après la théorie de Bohr, les différentes valeurs de τ_1 et τ_2 qu'on peut mettre dans cette équation, donnent les fréquences des différentes raies spectrales de la substance. Les raies peuvent être groupées en séries correspondant aux diverses valeurs de τ_2. Par exemple, il y aura une série pour $\tau_2 = 1$, et les raies de cette série seront données par $\tau_1 = 2, 3, 4\ldots$; Il y aura une série $\tau_2 = 2$, avec $\tau_1 = 3, 4, 5\ldots$ etc.

38. *Spectre de l'hydrogène.* — Pour obtenir le spectre de l'hydrogène, il suffit de faire $E = e$, alors

$$N = \frac{2\pi^2 me^4}{h^3} \qquad (61)$$

La série $\tau_2 = 2$ donne les raies :

$$\nu = N\left(\frac{1}{4} - \frac{1}{n^2}\right); \quad (n = 3, 4, 5,\ldots).$$

C'est exactement la série bien connue de Balmer. La concordance numérique est presque parfaite, car en substituant les valeurs connues de m, e et h, à savoir celles de Bucherer et Millikan [1].

$$\frac{e}{m} = 1{,}767.10^7$$

$$e = 4{,}774.10^{-10}$$

$$h = 6{,}545.10^{-27},$$

l'équation (61) donne $N = 3{,}294 \times 10^{15}$ alors que la valeur déterminée spectroscopiquement est $N = 3{,}290 \times 10^{15}$, l'erreur étant bien à l'intérieur des erreurs probables des valeurs indiquées pour e, m et h.

La valeur $\tau_2 = 1$, dans (59) donnerait la série

$$\nu = N\left(1 - \frac{1}{n^2}\right) \quad (n = 2, 3, 4\ldots,)$$

dont toutes les raies sont dans l'ultra-violet. Neuf des raies de cette série étaient observées au moment où Bohr publiait son mémoire, mais la série a été découverte ensuite par Lyman [2].

(1) The Electron, p. 210.
(2) *Nature*, vol. 93, p. 314, 7 mai 1914.

La valeur $\tau_2 = 3$ donne la série

$$\nu = N\left(\frac{1}{9} - \frac{1}{n^2}\right) \quad (n = 4, 5, 6\ldots)$$

on l'appelle habituellement la série de Paschen. Les deux premières raies ont été observées par Paschen [1] en 1908 et les 3 suivantes $(n = 6, 7, 8)$, ont été observées en 1922 par F. S. Brackett [2].

La valeur $\tau_2 = 4$ donne la série :

$$\nu = N\left(\frac{1}{16} - \frac{1}{n^2}\right) \quad (n = 5, 6, 7\ldots)$$

de laquelle les deux premières raies, dans l'infrarouge éloigné, ont été observées par Brackett [3].

Les séries $\tau_2 = 5, 6, 7\ldots$ sont situées dans l'infrarouge éloigné, et n'ont pas encore été observées.

Cela complète la liste des raies qu'on peut obtenir par la formule (59) ; on remarquera que certaines raies observées et assignées à l'hydrogène, n'ont pas été expliquées par cette formule. Bohr supposa, et cette hypothèse a été complètement confirmée, que les raies en question s'expliquent parfaitement si on les imagine dues à l'hélium.

39. *Spectre de l'hélium.* — Pour l'hélium, la charge nucléaire $E = 2e$, et l'atome neutre comprend deux électrons qui décrivent des orbites autour du noyau. L'atome d'hélium avec une charge positive [4] ne contient qu'un électron qui tourne autour du noyau de charge $2e$; le spectre d'un tel atome doit donc être obtenu en faisant $E = 2e$ dans l'équation (59). Si nous conservons pour N la valeur (61), on peut écrire la formule représentant le spectre sous la forme :

$$\nu = 4N\left(\frac{1}{\tau_2^2} - \frac{1}{\tau_1^2}\right) = N\left(\frac{1}{\left(\dfrac{1}{2}\,\tau_2\right)^2} - \frac{1}{\left(\dfrac{1}{2}\,\tau_1\right)^2}\right) \quad (62)$$

La série $\tau_2 = 1$ est dans l'ultra-violet extrême, et elle a échappé à l'observation. Deux raies de la série $\tau_2 = 2$, aussi dans l'ultraviolet ont été découvertes récemment par Lyman [5].

La série $\tau_2 = 3$ peut être dédoublée suivant que l'on donne à τ_1

[1] *Annalen d. Phys.*, 27, p. 565 (1908).
[2] *Nature*, vol. 109, p. 209, 16 févr. 1922.
[3] *L. c. ante.*
[4] Ou atome ionisé (N. D. T.).
[5] *Nature*, vol. 104, p. 314 (1919).

une valeur paire ou une valeur impaire; on a les deux formules :

$$\nu = N\left(\frac{4}{9} - \frac{1}{n^2}\right), \quad (n = 2, 3, 4) \tag{63}$$

$$\nu = N\left(\frac{4}{9} - \frac{1}{\left(n + \frac{1}{2}\right)^2}\right), \quad (n = 2, 3, 4) \tag{64}$$

Ces deux séries ont été observées par Fowler [1] en 1912, dans un mélange d'hydrogène et d'hélium. Elles furent attribuées d'abord à l'hydrogène, mais après l'apparition de la théorie de Bohr, on supposa qu'elles devaient appartenir au spectre d'hélium ionisé. Tous les doutes ont été dissipés après qu'elles furent observées, d'abord par Evans [2], ensuite par Paschen [3] dans des tubes où toute trace d'hydrogène avait disparu et qui ne donnèrent d'ailleurs aucune autre raie de l'hydrogène.

La série $\tau_2 = 4$ peut aussi être dédoublée suivant que τ_1 est pair ou impair, on a :

$$\nu = N\left(\frac{1}{4} - \frac{1}{n^2}\right) \tag{65}$$

$$\nu = N\left(\frac{1}{4} - \frac{1}{\left(n + \frac{1}{2}\right)^2}\right) \tag{66}$$

La première est évidemment la série de Balmer de sorte que les raies de cette série peuvent être aussi bien émises par l'hélium que par l'hydrogène. La seconde de ces séries a été observée par Pickering dans l'étoile ζ de la Poupe en 1896, [4]. Pickering l'avait attribuée à l'hydrogène par simple analogie, on voit maintenant qu'il ne semble guère possible de l'attribuer à l'hydrogène. Dans le spectre de ζ de la Poupe, on n'a observé en fait que la série (65), qui est plus intense que la série (66); la source lumineuse contient donc probablement un mélange d'hydrogène et d'hélium.

40. On doit remarquer ici un fait intéressant relatif aux spectres stellaires et aux spectres obtenus dans les laboratoires. Nous avons déjà calculé le diamètre de l'atome d'hydrogène (§ 36), nous l'avons

(1) *Monthly Notices* R. A. S., 73, p. 52, décembre 1912, et *Phil. Trans.*, 214, p. 254, avril 1914.
(2) *Phil. Mag.*, 29, p. 284 (1915).
(3) *Ann. d. Physik*, 50, p. 901 (1916).
(4) *Astroph. Journ.*, 4, p. 369 (1896) et 5, p. 92 (1897).

trouvé égal à $1,06 \times 10^{-8}$ cm. dans l'état $\tau = 1$; mais nous avons vu que dans l'état général avec τ quelconque, l'atome a un diamètre égal à τ^2 fois celui-là, par exemple pour $\tau = 30$, le diamètre est approximativement 10^{-5} cm.

Dans les raies des spectres stellaires que l'on a observées, on en a trouvé qui exigent, d'après la théorie de Bohr, que τ ait de grandes valeurs, ce qui revient à dire que les atomes émetteurs ont de grands diamètres. Par exemple, Pickering n'a pas observé moins de 33 raies pour la série (66) dans le spectre de ζ de la Poupe alors que Dyson [1] et Evershed [2] ont pu identifier 29 raies de la série de Balmer (65) dans le spectre de la chromosphère solaire. Les vingt-neuf raies de la série de Balmer doivent, d'après la théorie de Bohr, être émises par un atome passant de l'état $\tau_1 = 31$, à l'état $\tau_2 = 2$ et dans le premier état, le diamètre est à peu près 1.000 fois celui de l'atome normal d'hydrogène, soit à peu près $1,02 \times 10^{-5}$ cm. Il n'y a pas de difficultés à concevoir que des atomes ayant de tels diamètres, puissent exister dans les étoiles ou dans la chromosphère solaire; les pressions sont dans les deux cas si faibles qu'il est fort concevable que des atomes de la grandeur considérable prévue par la théorie de Bohr y puissent exister sans être trop serrés.

La question des spectres de laboratoires est un peu plus difficile. En 1919, Merton et Nicholson purent observer la série de Balmer jusqu'à son douzième terme ($\tau_1 = 14$) dans de l'hydrogène à la pression de 41 mm. Or pour $\tau = 14$, l'atome d'hydrogène a un diamètre de $2,08 . 10^{-6}$ cm , et la distance moyenne des atomes à la pression de 41 mm. est seulement de $1,0 \times 10^{-6}$ cm. A première vue du moins, il paraîtrait impossible d'admettre qu'un tel entassement d'atomes permît à ceux-ci de se dilater jusqu'au stade $\tau = 14$. Heureusement, il semble probable que la difficulté n'est que superficielle. Les raies observées sont si faibles qu'il suffit d'admettre qu'une fraction insignifiante du nombre total des atomes présents ait été à l'état $\tau = 14$; d'ailleurs, d'après la théorie de Bohr, les atomes d'hydrogène dans cet état, ont bien la dimension $2,08 \times 10^{-6}$ cm. dans deux directions de l'espace, mais dans la troisième, leur dimension est incomparablement plus petite, de sorte que le volume total occupé par l'atome, est beaucoup plus petit que celui d'un cube de

<hr>

[1] *Proc. Roy. Soc.*, 68 A., p. 33 (1901).
[2] *Phil. Trans.*, 197 A., p. 384 (1901). *Proc. Roy. Soc.*, 96 A., p. 112 (1919).

10^{-6} cm. de côté, qui est le volume moyen disponible pour un atome.

Les expériences de R. W. Wood ([1]) ont éclairé encore ce sujet. Il observa la série de Balmer jusqu'au vingtième terme, mais il remarqua que lorsque la pression augmentait, les termes supérieurs disparaissaient les uns après les autres, conformément à ce que prévoit la théorie de Bohr.

41. Nous avons limité notre discussion de la théorie de Bohr en supposant (§ 35) que la masse M du noyau est très grande comparée à la masse m de l'électron.

Bohr a montré ([2]) que si le rapport $\dfrac{m}{M}$ n'est pas négligeable, la valeur de N, la constante de Rydberg, ne sera plus donnée par l'équation (60) mais par :

$$N = \frac{2\pi^2 E^2}{h^3}\,\frac{mM}{M+m} \qquad (67)$$

Donc, si M_H désigne la masse du noyau d'hydrogène, $4M_H$ étant celle du noyau d'hélium, le rapport des deux valeurs de N, pour l'hélium et pour l'hydrogène ne sera plus exactement 4 : 1, mais il vaudra :

$$\frac{4}{M_H + \frac{1}{4}\,m} : \frac{1}{M_H + m}.$$

En calculant ce rapport au moyen des meilleures mesures des raies d'hydrogène et d'hélium, Fowler ([3]) obtient pour le rapport de $\dfrac{M_H}{m}$ la valeur 1836, avec une erreur probable de $\pm$ 12. Plus tard, Paschen ([4]) en tenant compte de la correction de relativité et d'autres raffinements, obtient la valeur 1.843,7. Ces valeurs sont en parfait accord avec les valeurs de $\dfrac{M}{m}$ obtenues par d'autres voies plus directes. La meilleure valeur obtenue directement est probablement celle de Millikan, $\dfrac{M_H}{m} = 1845$.

Le spectre continu de l'hydrogène.

42. En partant de la tête de la série de Balmer, et en s'étendant

(1) *Proc Roy. Soc.*, 97 A., p. 455 (1920).
(2) *Phil. Mag.*, 27, p. 509, (1914).
(3) *Royal Society.* Backerian Lecture (1914).
(4) *Ann. d. Phys.*, 50, p. 901 (1916).

indéfiniment vers l'ultra-violet, on constate que l'hydrogène présente un spectre continu faible, qui a été observé au laboratoire (¹), dans les protubérances solaires et dans les nébuleuses planétaires (²). Ce spectre reçoit une explication simple dans la théorie de Bohr, et donne ainsi des renseignements de valeur.

Les raies de la série de Balmer sont produites par des électrons qui tombent sur l'orbite $\tau = 2$ à partir des orbites extérieures $\tau = 3, 4... \infty$, le cas de l'orbite $\tau = \infty$ correspondant à la tête de la série. Il est clair alors qu'un spectre continu au delà de cette tête peut être produit par des électrons tombant sur l'orbite $\tau = 2$ et venant d'orbites qui possèdent plus d'énergie que l'orbite $\tau = \infty$, c'est-à-dire par des électrons libres qui se meuvent avec une énergie totale positive. Donc suivant la théorie de Bohr, le spectre continu est émis par suite de la capture d'électrons libres par un noyau d'hydrogène chargé positivement; c'est un effet du processus ordinaire de recombinaison.

Le fait que le spectre est, aussi loin qu'il est connu, absolument continu, prouve que les électrons libres doivent se mouvoir avant leur capture avec toutes les énergies cinétiques possibles. Cela suggère l'idée (en opposition à une théorie développée par Epstein (³) que les électrons libres se meuvent avec toutes les énergies cinétiques possibles et que la théorie des quanta n'impose à leurs mouvements aucune restriction de l'espèce relative aux mouvements des électrons liés.

43. Cela complète notre discussion des spectres d'hydrogène et d'hélium. Un autre cas où la théorie de Bohr paraît avoir un succès complet est celui de l'électron simple tournant autour d'un noyau de charge $3e$. Cet atome, d'après les idées de Bohr, est l'atome de lithium avec une charge positive [doublement ionisé, N. d. T.] et il doit montrer des raies spectrales de fréquences

$$\nu = 9\mathrm{N} \left(\frac{1}{\tau_1^2} - \frac{1}{\tau_2^2} \right)$$

La valeur particulière $\tau_1 = 6$, donne en plus des raies coïncidant avec celles de Balmer, une couple de séries

(1) Starck, *Ann. d. Phys.*, 52, p. 255 (1917).
(2) Evershed, *Phil. Trans.* R. S., 197 A., p. 399 (1901) et W. H. Wright, *Lick Obs. Bulletin*, n⁰ 291 (1917).
(3) *Ann. der Phys.* 50, p. 85 (1916).

$$\nu = N\left(\frac{1}{4} - \frac{1}{\left(m \pm \frac{1}{3}\right)^2}\right) \qquad (68)$$

dont un certain nombre de raies ont été identifiées par Nicholson [1] dans les étoiles du type de Wolf-Rayet.

44. Dans le cas que nous avons discuté, l'accord entre les prédictions de la théorie de Bohr et l'observation spectroscopique est si complet qu'il n'y a guère moyen de douter que la théorie ne soit fondée très fermement sur la réalité. Néanmoins il faut remarquer que les cas que nous avons considérés sont tous relatifs aux systèmes qui ne sont formés que de deux constituants, un noyau positif et un électron négatif. Des tentatives ont été naturellement faites, par Bohr et d'autres physiciens, pour étendre la théorie à des systèmes plus complexes. En particulier on peut citer les tentatives [2] de Bohr lui même pour donner une explication générale des séries spectrales des éléments. Il faut convenir cependant que les résultats de ces efforts, pour intéressants et suggestifs qu'ils soient, n'entraînent pas la conviction avec la même force que les résultats des problèmes simples que nous avons discutés. Cela n'implique pas une faillite de la théorie de Bohr, mais la cause de cela doit être cherchée dans la différence essentielle des deux problèmes.

Dans les cas des systèmes à deux constituants, que nous avons considérés, on voit que tous les éléments du problème sont connus et que les constantes physiques qui s'introduisent dans les calculs sont connues avec une très grande précision, de sorte que la théorie de Bohr donne une formule spectrale où chaque quantité numérique est parfaitement connue; il n'y a ni inconnue, ni constante «d'ajustement». La comparaison avec l'expérience est simple et lorsque la théorie est en accord avec l'observation, elle entraîne la conviction avec une force extraordinaire.

Le cas de l'atome de sodium, par exemple, est très différent. Il n'y a pas de doute que l'atome de Na consiste en un noyau central de charge $11e$ autour duquel gravitent 11 électrons négatifs, mais la manière dont les orbites des électrons sont disposées nous est tout à

<hr>

(1) *Month. Not.* R.A.S. p. 382, mars (1913).
(2) Voir en particulier « Ueber die Serienspektra der Elemente » *Zeitschrift f. Phys.* 2, p. 423, (1920), ou la traduction anglaise dans : The Theory of spectra and Atomic Constitution, by N. Bohr, Camb. Univ. Press. (1923).

fait inconnue. Par suite, la théorie ne peut expliquer le spectre du sodium que dans ses grandes lignes, et les prévisions qu'elle donne, en fonction des constantes physiques connues, pour la fréquence des raies spectrales, prévisions qui donnent à la théorie de Bohr du spectre de l'hydrogène un aspect si saisissant, sont forcément absentes.

Pour cette raison, nous ne discuterons pas la question générale des spectres des éléments dans le présent rapport. Nous consacrerons cependant le reste d'un chapitre au problème particulier des spectres des rayons X des éléments, puisque ceux-ci donnent, comme on le verra, une preuve claire et convaincante de la validité de la théorie de Bohr de la structure des atomes.

Les spectres de rayons X des éléments.

45. Quand un élément est convenablement excité, ses atomes émettent un rayonnement formé de rayons X et le spectre de ce rayonnement est formé de raies de fréquences définies, tout comme les spectres de raies optiques.

En 1913, Moseley montra que les fréquences dans le spectre des rayons X de tout élément satisfont à une équation du type général :

$$\nu = N(n - \sigma)^2 \left(\frac{1}{\tau_2^2} - \frac{1}{\tau_1^2} \right) \qquad (69)$$

où N est la constante de Rydberg ordinaire de l'hydrogène dont nous avons donné la valeur par l'équation (61), τ_1 et τ_2 sont des entiers, n est une constante pour chaque élément, c'est le nombre atomique de l'élément, et σ est une quantité, toujours positive et petite en comparaison de n, qui varie d'un élément à l'autre et qui dépend aussi de τ_1 et τ_2. Si l'on n'assujettissait pas la quantité σ à être toujours positive et toujours petite vis-à-vis de n, la formule précédente serait sans valeur, car si σ était à notre disposition entièrement et si nous pouvions la faire varier en fonction de n, τ_1 et τ_2 à notre gré, nous pourrions, sans doute, ajuster la formule (69) pour toutes les séries observées. Donc, le point essentiel est la petitesse de σ, et cela suggère immédiatement une explication du spectre des rayons X.

Si σ était égal à zéro, la formule de Moseley (69) donnerait pour les fréquences des spectres de rayons X :

$$\nu = n^2 N \left(\frac{1}{\tau_2^2} - \frac{1}{\tau_1^2} \right) \qquad (70)$$

En substituant la valeur de N tirée de (61), on trouve que :

$$n^2 N = \frac{2\pi^2 m e^2 E^2}{h^3}$$

où $E = ne$. Puisque n est le nombre atomique de l'élément en question, la charge nucléaire de l'atome sera ne, de sorte que la formule (70) représente, d'après la théorie de Bohr, le spectre qui serait émis par des systèmes dans lesquels des électrons particuliers décriraient des orbites autour du noyau central. Ainsi quand $n = 1$, la formule (70) donne le spectre normal de l'hydrogène et quand $n = 2$, elle donne le spectre de l'hélium ionisé. Mais dans le cas des éléments pour lesquels n est grand, on ne peut pas supposer que de tels systèmes aient quelque existence, et d'ailleurs, σ n'est pas strictement zéro dans l'équation (69). Par suite Moseley supposa que la présence de σ doit représenter l'effet de la présence des autres électrons négatifs dans l'atome. Cela revient à supposer que la force attractive du centre de l'atome est $\dfrac{(n - \sigma)e}{r^2}$ au lieu de $\dfrac{ne}{r^2}$. Il n'est pas nécessaire de discuter en détail ici l'évaluation de σ ; notre objet est plutôt de montrer que la théorie de Bohr a rendu un service signalé, et incidemment qu'elle a reçu une confirmation frappante de la spectroscopie des rayons X. Quand on passe des spectres optiques aux spectres de rayons X, où les fréquences sont ici 1 000 à 100 000 fois celles qu'on observe là, l'émission du rayonnement paraît toujours être gouverné par les principes dynamiques découverts par Bohr.

On peut mentionner ici un phénomène qui n'est pas seulement important en lui-même, mais qui illustre la fécondité des lois des quanta. Quand un courant d'électrons se mouvant rapidement tous avec la même vitesse frappe une plaque de matière, le rayonnement X émis doit produire, d'après l'analyse, un spectre continu, qui est, cependant, limité nettement aux fréquences en dessous d'une fréquence critique ν. Duane et Hunt (1) puis Hull (2), ont montré que cette fréquence est liée à l'énergie cinétique des électrons excitants, par l'équation simple :

$$\frac{1}{2} m v^2 = h\nu$$

(1) *Phys. Review*, 6, p. 166, (1915).
(2) *Phys. Review*, 7, p. 157, (1916).

où h est la constante de Planck. On croit que cette relation est exactement vraie pour toutes les substances et pour les rayonnements X de
toutes les duretés [1]. Blake et Duane [2] et d'autres physiciens l'ont
employée pour déterminer exactement la valeur de h, ils ont trouvé :

$$h = 6{,}555 \times 10^{-27}$$

ce qui est tout à fait satisfaisant et en accord avec les meilleures valeurs
connues de la constante de Planck et obtenues par d'autres méthodes.

L'accord parfait entre la valeur de h déterminée de cette manière et
la valeur de la constante de Planck montre clairement que le phénomène en question doit être gouverné en quelque sorte par la dynamique
quantique, quoique les détails soient loin d'être clairs. Sommerfeld [3]
imagine que l'électron incident pénètre momentanément dans un ori-
fice atomique et après déviation par le noyau, il est expulsé sur une
orbite elliptique avec une énergie diminuée par l'effet de l'attraction
nucléaire, l'énergie abandonnée apparaissant sous la forme d'un simple
quantum de rayonnement avec la fréquence exigée. Cette suggestion
donne évidemment une explication satisfaisante des faits, mais d'autre
part, il n'y a qu'une faible preuve soit en sa faveur, soit contre elle.
Remarquons que si cette explication est vraie, un électron accéléré qui
n'est pas lié d'une manière permanente à un électron, doit, conformément à la mécanique classique — rayonner de l'énergie, mais avec la
différence essentielle que l'émission doit se faire maintenant en quanta
exacts de lumière monochromatique. De plus, le même mécanisme qui
fait que les électrons du mouvement accéléré [à vitesse croissante] qui
passent à travers les atomes émettent un spectre continu de rayons X,
doit aussi être cause que les électrons « libres », au mouvement retardé
dans les conducteurs, émettent un spectre continu visible, auquel cas
il n'est pas nécessaire de chercher très loin une explication du spectre
continu ordinaire du corps noir.

<hr>

(1) Pour une discussion plus complète des spectres continus des rayons X, voir
le rapport de Duane, *Bulletin of National Research Council*, 1, p. 383 (1920) ou
Sommerfeld, *La Constitution de l'Atome et les raies spectrales*, trad. Bellenot,
p. 225
(2) *Phys. Rev* 10, p. 624 (1917).
(3) *L. cit.* p. 536.

CHAPITRE V

L'EFFET PHOTO-ÉLECTRIQUE
ET L'ABSORPTION DU RAYONNEMENT

46. Un exemple patent d'un phénomène qui défie entièrement les explications au moyen de la mécanique newtonienne et qui est immédiatement compréhensible avec la théorie des quanta, est donné par l'effet photo-électrique.

Les circonstances générales du phénomène sont bien connues. Depuis plusieurs années on savait que la lumière à haute fréquence, tombant sur la surface d'un conducteur chargé négativement tend à précipiter une décharge, et Hertz montrait qu'un conducteur non chargé, éclairé, acquiert une charge positive. Ces phénomènes, comme on l'a montré d'une manière tout à fait concluante, dépendent de l'émission des électrons de la surface du métal, ces électrons étant libérés en quelque manière par la lumière incidente

Dans quelques expériences, les vitesses avec lesquelles les différents électrons quittent la surface du métal ont toutes les vitesses de zéro jusqu'à une certaine vitesse maximum v, qui dépend des conditions particulières de l'expérience. Il n'y a pas un seul électron qui quitte la surface avec une vitesse supérieure à v. Il paraît probable que les électrons sont tous expulsés avec la même vitesse v, mais que ceux qui proviennent des régions qui sont à une petite distance de la surface perdent une partie de leur vitesse en se frayant un chemin.

Sans tenir compte de telles influences perturbatrices comme encore les pellicules d'impuretés sur la surface du métal, il apparaît d'une manière générale que la vitesse maximum v dépend seulement de la nature du métal et de la *fréquence* de la lumière incidente. Elle ne dépend pas de l'*intensité* de la lumière, et dans les limites de température entre lesquelles on a pu expérimenter, elle ne dépend pas de la température du métal. Cette indifférence vis-à-vis de l'intensité a été établie par Lenard [1] tout d'abord et confirmée ensuite par une méthode intéressante par Pohl et Pringsheim [2] et par Millikan [3] qui trouva que la vitesse maximum était la même, que l'on employât de la lumière d'une étincelle très intense, ou de la lumière d'un arc de même longueur d'onde. Pour ce qui est de la dépendance de la température, Ladenburg [4] examina l'effet photo-électrique de trois métaux (Au, Pt et Ir) jusqu'à 800°C et le trouva indépendant de la température, alors que Lienhop [5] opéra jusqu'à — 180°C et trouva le même résultat.

Pour un métal donné, cette vitesse maximum croît régulièrement, lorsque la fréquence croît, mais il y a une certaine fréquence ν_0, au-dessous de laquelle il n'y a pas d'émission possible. Par exemple pour le sodium, $\nu_0 = 5,15 \times 10^{14}$, c'est une fréquence dans le vert. De la lumière plus rouge tombant sur le sodium ne produit aucun effet photo-électrique.

Lorsque la fréquence de la lumière incidente ν est plus grande que la fréquence critique ν_0, les électrons du métal sont arrachés et l'on trouve que leur vitesse maximum v est telle que :

$$\frac{1}{2} mv^2 = h(\nu - \nu_0) \tag{71}$$

où m est la masse de l'électron négatif. Dans cette équation ν_0 varie d'un métal à l'autre, mais h est une constante indépendante du métal, et l'on trouve qu'elle est précisément égale à la constante de Planck. Millikan en considérant l'équation (71) comme une condition pour déterminer h a obtenu les valeurs suivantes :

avec des expériences sur le sodium [6] $h = 6,561 \times 10^{-27}$

avec des expériences sur le lithium [7] $h = 6,585 \times 10^{-27}$

qui sont un excellent accord avec les meilleures valeurs de h déterminées par d'autres méthodes.

(1) *Ann. der. Phys.* 8, p. 149 (1902).
(2) *Verh. d. Deutsch. Phys.* Gesell. 15, p. 971 (1912).
(3) *Phys. Rev.* 1, p. 73, (1913).
(4) *Verh. d. Deutsch. Phys.* Gesell. 9, p. 165 (1907)
(5) *Ann. der Phys.* 21, p. 281 (1906).
(6) *Phys. Rev.* 4, p. 73 (1914).
(7) *Phys. Rev.* 6, p. 55 (1915).

47. L'équation (71) qui s'est montrée. depuis en parfait accord avec l'expérience avait été proposée tout d'abord par Einstein en 1905 [1] qui avait annoncé que c'était la relation qui doit lier v et v^2 d'après la théorie des quanta.

Einsten supposait que l'énergie dans l'éther n'existe que sous forme de quanta complets, de sorte qu'un rayon lumineux de fréquence v devrait être considéré comme une trombe de « quanta de lumière » chacun d'énergie hv. Si E est l'énergie exigée pour déloger un électron d'un atome, un quantum d'énergie hv tombant sur un atome peut libérer un électron seulement si $hv > E$; et il faut admettre que la chance qu'il y a pour deux quanta de tomber sur un atome simultanément et d'y apporter $2hv$ d'énergie à la fois est tout à fait négligeable. La fréquence critique v_0 au-dessous de laquelle la lumière ne peut pas libérer les électrons du tout s'explique simplement alors ; c'est la fréquence pour laquelle le quantum d'énergie est exactement égal à E, donc $hv_0 = E$. Si de la lumière de fréquence plus élevée que v_0 tombe sur un métal, chaque quantum porte avec lui une énergie hv qui est plus grande que E. Il est impossible qu'un atome absorbe une partie seulement d'un quantum, puisque cela enlèverait une fraction de quantum à l'énergie rayonnante dans l'éther. Nous supposons donc qu'un atome absorbe un quantum entier d'énergie hv, dont une partie E est employée à déloger un électron de l'atome et dont le reste $hv - E$ ou $h(v - v_0)$ est absorbée par l'atome d'une autre manière. Si toute l'énergie résiduelle se transforme en énergie cinétique de l'électron, alors la vitesse de celui-ci est précisément celle que donne l'équation (71).

Telle était l'interprétation primitive qu'Einstein donna de l'équation (71), mais l'hypothèse des quanta de lumière sur laquelle cette interprétation est fondée, — l'énergie rayonnante ne pouvant exister qu'en quanta indivisibles — n'a pas obtenu le consentement général des physiciens [*cf.* § 85, *infra*]. On peut remarquer cependant qu'on aurait pu déduire précisément la même équation en faisant une autre hypothèse ; la matière n'émet et n'absorbe l'énergie rayonnante que par quanta. A ce point de vue, l'absorption de l'énergie doit être de hv, dont une partie hv_0 est employée à arracher l'électron et dont le reste $h(v - v_0)$ est disponible pour créer de l'énergie cinétique.

Dans l'une ou l'autre conception, hv_0 doit être l'énergie nécessaire

(1) *Annalen d. Phys.* 20, p. 132, (1906), et aussi 17, p. 132 (1905) et 22, p. 18) (1907).

pour détacher un électron, elle doit donc être égale à eV, où V est le potentiel d'ionisation de la substance en question. Une comparaison entre le potentiel d'ionisation calculé de cette manière et celui qu'on obtient plus directement par l'observation pourrait confirmer d'une autre manière l'explication théorique de l'équation (71). Pour autant que les résultats sont précis ils sont favorables à la théorie, mais il est très difficile de déterminer les potentiels d'ionisation directement avec une grande précision.

48. Il est digne de remarque (^{1}) que cette théorie, qui donne une explication aussi satisfaisante de l'effet photo-électrique, se trouve être tout naturellement une extension de la théorie de Bohr qui rend compte des spectres de raies observés. La quantité $h\nu_0$ qui a été utilisée dans ce chapitre est la quantité d'énergie nécessaire pour libérer un électron de son orbite, mais sans lui communiquer de vitesse, elle est exactement égale à la quantité W du précédent chapitre. Si l'on suppose que W_1 soit l'énergie perdue dans l'état normal, correspondant à $\tau = 1$, et W_∞, l'énergie perdue dans l'état $\tau = \infty$, où l'électron est libre à l'infini, alors $W_1 = h\nu_0$ et $W_\infty = 0$. L'équation (71) peut s'écrire sous la forme :

$$\frac{1}{2} mv^2 = h\nu - h\nu_0 = h\nu - (W_1 - W_\infty)$$

ou

$$h\nu = W_1 - W_\infty + \frac{1}{2} mv^2 \qquad (72)$$

L'équation de Bohr donnant le spectre de raies était [*Cf.* éq. (58)].

$$h\nu = W_{\tau_2} - W_{\tau_1} \qquad (73)$$

Cette équation se rapportait à l'*émission* de rayonnement accompagnant le resserrement de l'atome de l'état τ_1 à l'état τ_2. Le processus physique doit cependant être réversible, de sorte que l'incidence d'un quantum d'énergie de fréquence ν donnée par l'équation (73) sur un atome à l'état τ_2 ait pour effet de faire absorber le rayonnement et de le faire passer à l'état τ_1. Par suite une raie de cette fréquence doit apparaître dans le spectre d'absorption du gaz pourvu qu'il existe dans le gaz, des atomes à l'état τ_2 ; s'il n'y a pas d'atomes dans cet état, il n'y aurait pas d'absorption de lumière de cette fréquence. Par exemple, dans l'hydrogène ordinaire il n'y a probablement pas d'atomes à l'état

---

(^{1}) *Cf.* Bohr., *Phil. Mag.* 26, p. 17 (1913).

$\tau_2 = 2$, de sorte que les raies correspondantes qui constituent la série de Balmer, n'apparaissent pas comme raies d'absorption. En général, quand des atomes se rencontrent dans un gaz inerte, on peut s'attendre à les voir tous à l'état final pour lequel $\tau = 1$, de sorte que les seules raies du spectre d'émission qu'on peut s'attendre à trouver dans le spectre d'absorption seront les raies pour lesquelles $\tau_2 = 1$, c'est-à-dire celles dont les fréquences sont données par l'équation :

$$h\nu = W_1 - W_n (n = 2, 3 .. \infty) \tag{74}$$

Si un rayonnement d'une telle fréquence tombe sur un gaz, il sera absorbé; si le rayonnement d'une fréquence intermédiaire à celles-ci tombe sur un gaz, il ne sera pas absorbé, car il ne pourrait l'être que par quanta complets, et un quantum d'énergie porterait l'atome à un état intermédiaire à deux des états donnés par des valeurs entières de n, ce qui est impossible. Mais si un rayonnement de fréquence plus élevée que la fréquence la plus élevée donnée par (74) [celle pour $n = \infty$ (tombe sur un gaz, il sera absorbé, car l'absorption d'un quantum portera l'atome à un stade au delà du stade $n = \infty$, c'est-à-dire qu'il libérera un électron et lui communiquera de l'énergie cinétique en quantité égale à ce que donne l'équation (72). Ce phénomène est donc simplement l'effet photo-électrique interprété suivant la théorie d'Einstein ; c'est une extension nécessaire et logique de la théorie de l'absorption de Bohr.

Le spectre complet d'absorption doit donc, d'après cela, consister en une série de raies obtenues en faisant $\tau_1 = 1$ dans l'équation (59) et d'une bande continue s'étendant de $n = \infty$ $\left(\text{tête de la série avec } \nu = \dfrac{W_1}{h}\right)$ jusqu'à $\nu = \infty$. Dans ce spectre, les raies représenteraient l'inverse de l'effet émissif de Bohr, pendant que les bandes représenteraient l'effet inverse du spectre continu que nous avons discuté au § 42, ou ce qui est précisément la même chose, représenterait l'effet photo-électrique.

Un spectre d'absorption de l'hydrogène de ce type précisément a été observé dans plusieurs étoiles [1], mais pas en laboratoire. Mais au laboratoire, R. W. Wood [2] expérimentant sur le spectre d'absorption de la vapeur de sodium, a observé un spectre d'absorption complète

(1) J. Hartmann, *Phys. Zeits*, 18, p. 429 (1917).
(2) *Cf.* Bohr, *l. c.* p. 17, ou Wood, Optique physique. [trad. franç.]

de ce type exactement. Cinquante raies ont été observées et leurs positions sont conformes exactement à celles de la série principale du sodium, et en plus, on a observé un spectre continu d'absorption commençant à la tête de cette série et s'étendant vers l'ultra-violet extrême.

49. La plus convaincante confirmation de l'ensemble d'idées que nous venons d'exposer est due peut-être à une méthode expérimentale employée par Franck et Hertz ([1]). Leurs premières expériences étaient imaginées pour constater la perte d'énergie — s'il y avait lieu — des chocs entre électrons et atomes. Des électrons étaient projetés avec des vitesses toujours croissantes dans une masse de vapeur de mercure. Tout d'abord, ils trouvèrent que les électrons rebondissaient contre les atomes de mercure sans perte aucune d'énergie, tout comme si les atomes de mercure étaient des sphères parfaitement élastiques. Mais lorsqu'une certaine vitesse de projection était atteinte correspondant à une différence de potentiel de 4,9 volts, il commençait à se produire des chocs non élastiques; au même instant on voyait la raie λ 2537 du mercure apparaître. Or la fréquence de cette raie est $1,1823 \times 10^{15}$, d'où nous calculons le quantum $h\nu$, soit $7,745 \times 10^{-12}$ erg, et cela correspond à une énergie gagnée par un électron qui se déplace dans un champ créé par une chute de potentiel de 4,86 volts. La relation entre le potentiel excitateur 4,9 volts et la longueur d'onde de la lumière émise est dès lors évidente, et il n'y a pas de doute sur son interprétation physique. L'atome de mercure ne peut exister que dans certains états bien définis correspondant à certains degrés d'énergie. Par conséquent, les seules quantités d'énergie qu'un atome de mercure peut absorber sont égales aux valeurs exigées pour passer d'un état à un autre état défini. Si un électron choque un atome de mercure, avec une énergie moindre que la plus petite de ces quantités d'énergie, l'atome de mercure ne peut pas absorber l'énergie de l'électron, il se comporte comme une sphère élastique. Mais lorsque l'électron entraîne avec lui une quantité d'énergie égale à la plus petite des quantités indiquées, l'atome de mercure peut alors accepter cette énergie. Il se produit alors un choc non élastique, l'électron perd de l'énergie et l'atome de mercure

---

(1) Les mémoires originaux ont paru dans les *Verh. d. D. Phys. Gesell.*, vol. 15 et 59. On trouvera dans le livre de Sommerfeld : La constitution de l'Atome et les Raies spectrales, l'exposé de ces résultats ou dans Gerlach : Die experimentallen Grundlagen der Quantentheorie [Braunschweig, 1921].

passe d'un stade à un autre plus riche en énergie. Le retour spontané des atomes à leur état premier sera accompagné, suivant les idées de Bohr, par l'émission d'un rayonnement monochromatique d'une fréquence dont le quantum est égal à la valeur de l'énergie reçue précédemment dans le choc non élastique.

La méthode expérimentale a été considérablement étendue dans plusieurs directions (¹), il faut mentionner la suivante : Horton et Davies, Rau et d'autres physiciens ont trouvé que lorsque le voltage de l'excitation croît graduellement, les raies différentes d'une série spectrale apparaissent l'une après l'autre. Finalement Davis et Goucher et d'autres ont vu que lorsque le voltage est tel que la tête de la série est atteinte, il se produit alors une ionisation directe. Par exemple, la raie λ 2537 du mercure est la première raie de la série dont la tête a une fréquence qui correspond à un voltage de 10,39 volts. Or l'ionisation du mercure se produit réellement à 10,4 volts.

La table suivante, composée avec des matériaux tirés du livre de Sommerfeld, montre l'accord entre l'observation et la théorie pour certains éléments [métaux alcalins et alcalino-terreux].

Élément	Excitation Potentiels en volts		Ionisation Potentiels en volts	
	Obs.	Calc.	Obs.	Calc.
Na	2,13	2,09	5,13	5,11
K	1,55	1,60	4,1	4,32
Rb	1,6	1,55	4,1	4,15
Cs	1,48	1,38	3,9	3,87
Mg	2,65	2,7		
	4,42	4,33	7,75	7,61
Ca	1,90	1,88		
	2,85	2,92	6,01	6,09
Zn	4,1	4,01		
	5,65	5,77	9,3	9,5
Cd	3,88	3,78		
	5,35	5,39	8,92	8,95
Hg	4,9	4,86		
	6,7	6,67	10,38	10,39

Le phénomène photo-électrique des rayons X.

50. De même qu'on a vu que les idées de Bohr sur l'émission du rayonnement sont valables pour toutes les fréquences, de l'infra-

(1) Pour plus de détails, *cf.* Sommerfeld, *l. c.*

rouge extrême jusqu'aux rayons X les plus durs, de même les idées d'Einstein sur l'effet photo-électrique sont valables pour les rayonnements de toutes les fréquences pour lesquels on peut observer le phénomène, c'est-à-dire du jaune, pour lequel les métaux alcalins sont les premiers affectés jusqu'aux rayons X les plus durs.

Dans ce qu'on appelle le phénomène photo-électrique des rayons X, un rayonnement X de fréquence connue est engendré par des électrons d'énergie connue tombant sur une plaque (cf. § 45). Quand ces rayons X, passent à leur tour à travers de la matière, des électrons sont rejetés avec une vitesse conforme à ce que prévoit l'équation d'Einstein (71). Il y a cependant une différence essentielle entre l'application de cette équation à la lumière visible et aux rayons X. La fréquence critique v_0 est telle que hv_0 est l'énergie nécessaire pour détacher un électron d'un atome de la substance en question. Quand l'effet photo-électrique commence à se produire, v est exactement égal à v_0 et pour toutes les applications à la lumière visible, v_0 est comparable à v. Mais quand on passe au rayonnement X, v a une valeur égale à des milliers de fois ce qu'est la fréquence dans le domaine visible, de sorte que v_0 est insignifiant vis-à-vis de v et l'équation devient sensiblement la suivante

$$\frac{1}{2}\, mv^2 = hv.$$

Cela veut dire que l'énergie de l'électron rejeté est égale à celle d'un quantum du rayonnement X incident, et réciproquement, ce quantum est égal, comme on sait, à l'énergie des électrons qui excitaient le rayonnement X dans le premier exemple donné.

Ce phénomène est susceptible d'une extension qui n'est pas possible dans le cas de la lumière visible. Nous avons vu que pour enlever un électron d'un atome, il faut une énergie qui est à peu près égale au quantum d'énergie pour le rayonnement visible. Mais après qu'un électron est parti, il en reste d'autres et nous pouvons imaginer un processus qui arrache un à un les électrons de l'atome jusqu'à ce que le noyau reste seul. Si l'on va ainsi de plus en plus loin vers l'intérieur de l'atome, l'énergie nécessaire pour détacher un électron croît continuellement, celle qui est nécessaire pour détacher un électron de l'enceinte intérieure étant de l'ordre de grandeur d'un quantum de rayonnement X. En effet, les limites du spectre de rayons X d'un élément, comme nous l'avons vu (§ 45) seront de fréquences telles, que les quanta correspondant représentent les énergies nécessaires pour détacher des électrons des enceintes intérieures — les

enceintes [ou ceintures, ou anneaux] K et L. Donc, si le rayonnement X
est employé pour détacher des électrons de ces enceintes intérieures,
la vitesse de l'électron détaché doit, selon la théorie des quanta, être
donnée par l'équation d'Einstein (71), où ν est la fréquence de ce
rayonnement incident et où ν_0 est la fréquence de la limite du spectre
de rayon X, correspondant au détachement de l'électron en question.

De Broglie (1) en photographiant le spectre magnétique des électrons rejetés a pu calculer leur vitesse au départ; ce spectre est un
« spectre de raies » de sorte que chaque électron est chassé avec l'une
ou l'autre des vitesses d'une série, ces vitesses sont données précisément par l'équation (71) où ν_0 est la fréquence de l'une ou l'autre des
limites du spectre de rayon X.

Ellis (2) a appliqué une méthode semblable aux électrons expulsés
par les rayons γ du radium B, hors des atomes des éléments lourds Ur,
Pb, Pt, W et Ba ; il a obtenu un résultat semblable, sauf que dans ce
cas, les fréquences des rayons γ sont inconnues. Puisque toutefois, les
fréquences ν_0 sont connues, il est possible d'employer l'équation (71)
pour déterminer ν. Ellis a calculé de cette manière les fréquences du
rayonnement γ émis par le radium B, le radium C et le thorium D (3).
Une discussion des résultats obtenus montre qu'il est très probable que
les rayons γ des corps radioactifs sont émis à partir du noyau. Les
constituants du noyau paraissent être astreints à une suite discrète de
configurations, l'expulsion d'un noyau γ étant causée par le passage
d'une configuration de grande énergie à une configuration de
moindre énergie, de sorte qu'il paraît que les principes de la dynamique des quanta régissent l'intérieur du noyau.

(1) *C. R. Acad. Sc.*, n°s 5, 9, 12, vol. 172 (1921) ; ou *Les rayons X* ou
Rapport du Congrès Solvay de Physique (1921) publié dans : Atomes et Electrons.
(2) *Proc. R. S.*, 99, A, p. 261 (1921).
(3) *Proc. R. S.* 101, A, p. 1, (1922).

CHAPITRE VI

LA CHALEUR SPÉCIFIQUE DES SOLIDES

---

51. C'est encore à la théorie des quanta et à ses principes qu'on a recours pour une explication satisfaisante des chaleurs spécifiques des solides. D'après la loi bien connue de Dulong et Petit, le produit du poids atomique par la chaleur spécifique d'un élément a, au moins aux températures ordinaires, une valeur qui est approximativement la même pour un grand nombre d'éléments. Ce produit s'appelle la chaleur atomique et il est approximativement égal à 5,95. La théorie cinétique de la matière donne une explication simple de cette loi.

Supposons que 1 gramme de la substance en question contienne N atomes, chacun de masse m ; $Nm = 1$. Supposons encore que chaque atome ait s degrés de liberté — c'est-à-dire, si tous les autres atomes sont au repos, qu'il soit possible que chaque atome puisse avoir s mouvements indépendants pour lui-même. L'expression de l'énergie de chaque atome est alors celle de l'énergie de s vibrations, et il suit du théorème de l'équipartition de l'énergie (§ 16) que l'énergie moyenne de chaque atome sera

$$sRT, \qquad (75)$$

où T est la température absolue, et l'énergie totale E par gramme de la substance est $NsRT$. La chaleur spécifique est $\dfrac{\partial E}{\partial T}$ en unités d'énergie ou $\dfrac{1}{J}\dfrac{\partial E}{\partial T}$ en unités de chaleur, J étant l'équivalent mécanique de la chaleur. En désignant par c cette chaleur spécifique, nous aurons :

$$c = \frac{1}{J}\frac{\partial E}{\partial T} = \frac{1}{J}\frac{\partial}{\partial T}\,(NsRT) = \frac{NsR}{J} \qquad (76)$$

Soit a le poids atomique de l'élément, celui de l'oxygène étant 16.
La masse d'un atome m de l'élément est alors $\dfrac{a m_0}{16}$, où m_0 est la
masse d'un atome d'oxygène. Pour l'atome d'oxygène,

$$\frac{R}{m_0} = 520 \times 10^4$$

de sorte que pour l'élément en question

$$\frac{R}{m} = \frac{16}{a} \times 520 \times 10^4 \,;$$

or $Nm = 1$, par suite ce nombre est la valeur de RN. On sait que
$J = 4{,}184° \; 10^7$ et l'équation (76) devient :

$$c = 1.98 \frac{s}{a}$$

La constance de ca, qui est exprimée par la loi de Dulong et Petit
dépend donc simplement de la constance de s. D'ailleurs d'après son
sens, s doit être un nombre entier, et pour donner au produit ca la
valeur requise par la loi de Dulong et Petit, il faut qu'on ait $s = 3$,
d'où $ac = 5{,}95$.

Chaque atome doit donc avoir 3 degrés de liberté, par exemple, il
peut prendre 3 mouvements indépendants suivant les trois axes x, y, z.
La valeur observée du produit ac s'explique donc par l'hypothèse que
l'atome n'a pas d'autres mouvements indépendants ; de ce point de
vue les atomes sont à considérer comme des points rigides.

52 De même que pour un gaz, il y a à faire la distinction entre les
chaleurs spécifiques à volume constant et à pression constante, la
différence provenant du travail nécessaire pour comprimer le corps
échauffé jusqu'à ce qu'il occupe le même volume que quand il était à
la température inférieure.

Les plus anciennes déterminations expérimentales des chaleurs spécifiques des solides étaient des chaleurs à pression constante, mais
récemment Nernst et Lindemann [1] ont montré comment il faut
corriger de telles valeurs pour en déduire les chaleurs spécifiques à
volume constant. Or c'est à la chaleur spécifique à volume constant
que s'applique le calcul du § 51. La constance de ac n'est donc vraie
que si c représente la chaleur spécifique à volume constant.

(1) *Zeitschrift f. Elektrochemie*, p. 818 (1911).

En 1911, Nernst et ses collaborateurs ([1]) Lindemann, Koref, etc. ont entrepris à Berlin une série de déterminations de chaleurs spécifiques, ces déterminations couvraient tout l'intervalle des températures qu'il est possible d'obtenir en laboratoire, et tout était corrigé pour pouvoir se référer aux chaleurs spécifiques à volume constant ([2]).

On trouva que le produit ac aux températures suffisamment élevées est très approximativement voisin de sa valeur théorique 5,95, mais qu'il diminue d'une façon remarquable aux basses températures. La figure ci-dessous montre la nature générale des résultats obtenus. Les

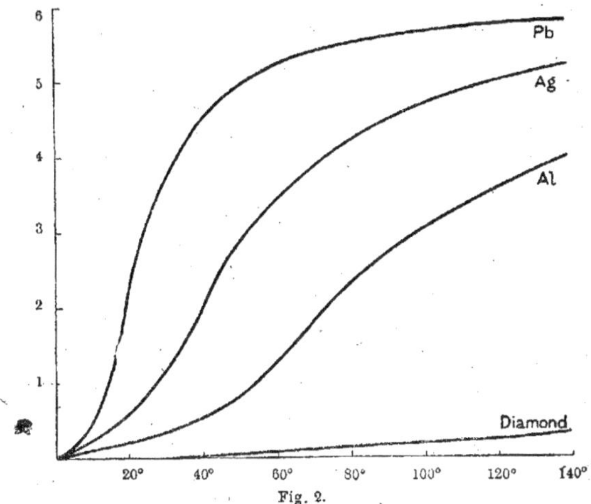

Fig. 2.

courbes donnent les chaleurs atomiques de quatre éléments — plomb, argent, aluminium et carbone, sous forme de diamant — on les a portées en ordonnées, les températures absolues étant en abscisses. On trouva que les courbes de tous les éléments examinés montrent que la chaleur atomique est nulle au zéro absolu et que ces courbes tendent asymptotiquement vers la chaleur atomique limite 5,95 lorsque la température croît. Une découverte plus frappante c'est que toutes les

[1] Voir spécialement les mémoires de Nernst, *Annalen der Phys.*, 36, p. 395 (1911) et un rapport présenté au premier congrès Solvay à Bruxelles (1911), La Théorie du rayonnement et les Quanta p. 254. Cf. aussi *Sitzungsber. d. Preuss. Aknd.* (1911), et *Zeitschr. f. Elektrochemie* (1911 et 1912).

[2] Pour des détails relatifs à la théorie et à ces corrections, voir Nernst et Lindemann, *Zeitschrift f. Elektrochem,* p. 817 (1911).

courbes sont exactement semblables, à un changement d'échelle des températures près. Ainsi si nous prenons la courbe pour l'argent et si nous la comprimons horizontalement dans un certain rapport, à peu près 1 : 2, 3 on trouve une courbe qui coïncide exactement avec la courbe du plomb. De même la courbe de l'aluminium comprimée dans le rapport 1 : 1,8 coïncide avec la courbe de l'argent, et comprimée dans le rapport 1 : 4,1 elle coïncide avec la courbe du plomb.

53. Les calculs simples du § 51 s'appliqueraient également à toutes les températures si les principes sur lesquels ils se fondent étaient solidement établis. Ces principes sont essentiellement ceux de la mécanique classique, de sorte que le résultat des expériences paraîtrait indiquer que les principes de la mécanique classique sont applicables aux hautes températures mais pas aux basses. C'est exactement ce à quoi nous pouvions nous attendre, d'après ce que nous avons vu au § 31 sur les phénomènes à basse température. Il est par conséquent naturel de prévoir que l'explication des chaleurs spécifiques aux basses températures doit se trouver dans la théorie des quanta.

Des explications en fonction de la théorie des quanta, fort intéressantes et suggestives ont été tentées par Einstein (¹) et par Nernst et Lindemann (¹). Ces tentatives contiennent cependant des éléments artificiels et leur importance se trouve bien plus dans l'indication de la voie à suivre pour la théorie définitive que dans les prétentions à tout expliquer qu'elles pourraient avoir. L'explication du phénomène qui semble être définitive tant par son aspect naturel que par sa conformité à l'expérience a été donnée par Debye (²) en 1912.

54. Dans l'analyse du § 51, nous supposions que chaque gramme de la matière considérée contenait N atomes, ayant chacun trois degrés de liberté, tout comme s'ils étaient des points rigides. Il y avait 3N degrés de liberté en tout, de sorte que l'énergie totale était d'après la mécanique classique, 3NRT, quelle que fût la nature particulière ou quelles que fussent les propriétés de ces degrés de liberté. Mais d'après la théorie des quanta, l'énergie moyenne d'un degré de liberté n'est pas entièrement indépendante de sa nature ; dans le cas d'une vibration l'énergie moyenne dépend de la fréquence de la vibration.

(1) Le meilleur compte rendu de ces explications se trouve dans les actes du congrès Solvay de (1911) : La théorie du Rayonnement et les quanta (1912) p. 254 p. 407. On y trouve la discussion du problème général. *Cf.* pour la théorie d'Einstein, § 59, *infra*.

(2) Zur Theorie der Spezifischen Wärmen, *Ann. der Phys.* 39, p. 789 (1912).

Les atomes du solide ne possèdent pas, sans doute, des vibrations libres indépendamment séparées. L'oscillation de l'un quelconque mettra son voisinage en vibration, et les vibrations libres du système sont celles de tous les atomes à la fois. Mais quelque mouvement des atomes que ce soit, aussi compliqué qu'on l'imagine, peut être analysé en trains d'ondes, tout comme c'était le cas pour le mouvement de molécules d'un gaz [§ 5]. Le nombre des vibrations indépendantes de longueurs d'onde comprises entre λ et $\lambda + d\lambda$ est comme nous l'avons vu $12\pi\lambda^{-4}d\lambda$. De ces vibrations, les deux tiers sont des ondes de distorsion et un tiers sont des ondes de compression. Supposons que les premières se propagent avec la vitesse V_1 et les autres avec la vitesse V_2, alors les fréquences des premières vibrations sont $\dfrac{v_1}{\lambda}$ et celles des autres sont $\dfrac{v_2}{\lambda}$. Il s'ensuit immédiatement que le nombre des vibrations de fréquences comprises entre v et $v + dv$ est

$$4\pi(2V_1^{-3} + V_2^{-3})v^2 dv \qquad (77)$$

Cela doit être une limite des valeurs possibles de v; il est clair que cette formule est en défaut quand nous arrivons à des fréquences correspondant à des longueurs d'onde comparables aux distances entre les atomes les plus voisins. Debye suppose, pour s'approcher de la réalité, que la formule (77) est vraie de $v = 0$ à une valeur v_m qui est le maximum de toutes les fréquences et qui est déterminé par la condition que le nombre total de degrés de liberté obtenu par cette hypothèse soit précisément égal au nombre total connu 3N. En d'autres termes, il faut avoir :

$$3N = 4\pi(2V_1^{-3} + V_2^{-3}) \int_0^{v_m} v^2 dv = \frac{4\pi}{3}(2V_1^{-3} + V_2^{-3})v_m^3 \quad (78)$$

et la formule (77) peut être remplacée par

$$9N \frac{v^2 dv}{v_m^3} \qquad (79)$$

Debye poursuit en supposant que l'énergie de ces vibrations est égale à la valeur que la théorie des quanta, telle que nous l'avons développée au § 22, leur octroie. Cela veut dire que chaque vibration de fréquence v est supposée avoir une énergie moyenne égale à

$$RT \times \frac{x}{e^x - 1} \qquad (80)$$

où $x = \dfrac{hv}{RT}$. Ainsi l'énergie totale du solide, obtenue en intégrant pour les vibrations de toutes les fréquences est

$$E = \int_0^{\nu_m} 9NRT \frac{x}{e^x - 1} \frac{\nu^2 d\nu}{\nu_m^3} \qquad (81)$$

On peut remarquer incidemment que, en suivant la mécanique classique, nous aurions omis le facteur $\dfrac{x}{e^x - 1}$ dans (80), de sorte que l'énergie totale aurait été

$$\int_0^{\nu_m} 9NRT \frac{\nu^2 d\nu}{\nu_m^3} = 3NRT$$

ce qui redonne immédiatement le résultat obtenu au § 51, que la chaleur atomique devrait être 5,95 à toutes les températures.

En remplaçant x par $\dfrac{h\nu}{RT}$, la valeur de E donnée par (81) se réduit à

$$E = \int_0^{\nu_m} \frac{9Nh\nu^3 d\nu}{\nu_m^3 \left(e^{\frac{h\nu}{RT}} - 1 \right)}$$

L'intégrale ne peut être réduite davantage. On peut trouver, dans

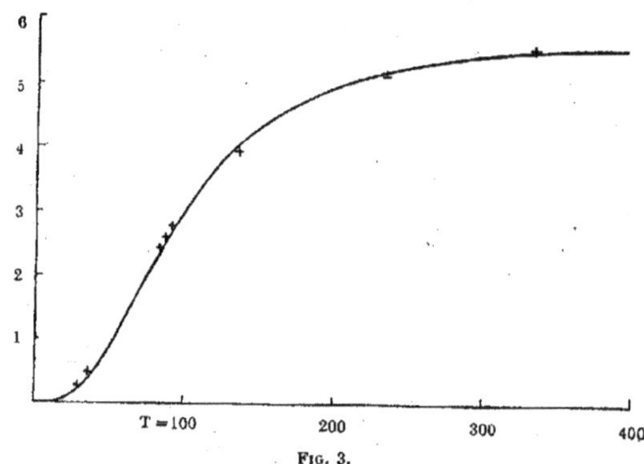

Fig. 3.

le mémoire cité de Debye, les détails relatifs à son évaluation numérique.

Un exposé détaillé de l'accord avec l'expérience se trouve aussi dans le même mémoire. Pour notre dessein les exemples suivants suffiront peut-être.

55. D'après l'équation (82) les différentes courbes des chaleurs spécifiques doivent dépendre seulement d'un paramètre et on peut prendre pour cela la quantité Θ donnée par l'égalité :

$$\Theta = \frac{h\nu_m}{R} \qquad (83)$$

Il est alors aisé de voir que la chaleur spécifique à une température T doit être de la forme $f\left(\dfrac{\Theta}{T}\right)$, où f est une fonction de $\dfrac{\Theta}{T}$ qui est la même pour toutes les substances. Dans la figure 3 qui est tirée du mémoire de Debye [1] la courbe continue représente la variation de $f\left(\dfrac{\Theta}{T}\right)$ calculée à partir de l'intégrale (82), l'échelle des abscisses étant arrangée pour $\Theta = 396°$. Les croix représentent les valeurs réellement observées de la chaleur spécifique de l'aluminium.

Cette figure fait voir l'accord entre la théorie et l'expérience pourvu que θ, dans la formule théorique, soit considéré comme une constante d'ajustement. La valeur de θ pour une substance particulière dépend cependant de la fréquence ν_m, qui est définie par l'équation (78) et que l'on peut ainsi calculer quand les constantes d'élasticité de la substance sont connues. Debye donne le tableau suivant pour qu'on puisse faire la comparaison entre les valeurs calculées et observées de Θ :

Elément.	Θ observé.	Θ calculé.
Al	396	399
Cu	309	329
Ag	215	212
Pb	95	72

Dans ces comparaisons, la valeur de « Θ observé » est obtenue en ajustant une courbe du type prévu par la théorie, sur les diverses valeurs données par l'observation, comme cela a été fait pour l'aluminium, par exemple (fig. 3).

56. Après la publication du mémoire de Debye, des expériences entreprises par Keesom et Kamerlingh Onnes [2] sur les chaleurs spécifiques du cuivre à des températures très voisines du zéro absolu, ont montré une plus grande concordance entre la théorie et l'observation que celle que manifeste la table précédente.

Près de la limite, quand T est très petit, l'exponentielle $e^{\frac{h\nu}{RT}}$ de l'équation (82) devient très grande, sauf si ν est petit, de sorte que

---

[1] *L. c.* p. 812.

[2] *Verslag. Amsterdam Akad.*, p. 335, 26 juin 1915; ou *Communications from the Physical Laboratory of Leiden*, n° 147 a.

dans ce cas particulier toute la valeur de E provient des contributions à l'intégrale du second membre de (82) qui sont dues aux petites valeurs de ν. La valeur de E est par conséquent la même que si l'intégrale était étendue de $\nu = 0$ à $\nu = \infty$; alors on peut la calculer de la manière suivante :

$$E = \int_0^\infty \frac{9N h \nu^3}{\nu_m^3} \left[e^{-\frac{h\nu}{RT}} + e^{-\frac{2h\nu}{RT}} + e^{-\frac{3h\nu}{RT}} + \cdots \right] d\nu$$

$$= 9N \frac{(RT)^4}{(h\nu_m)^3} \left(1 + \frac{1}{2^4} + \frac{1}{3^4} + \cdots \right)$$

$$= 9N \frac{(RT)^4}{(h\nu_m)^3} \times 6{,}495$$

d'où l'on tire immédiatement que la chaleur spécifique à volume constant C_v est

$$C_v = 77{,}94 \left(\frac{T}{\Theta} \right)^3 C_\infty$$

où C_∞ est la valeur de C_v à une température infinie.

Aux températures les plus basses, donc, la théorie de Debye prévoit que C_v doit varier comme T^3. Les expériences de Keesom et Kamerlingh Onnes ne permettent pas seulement d'éprouver cette partie de la théorie, mais elles permettent aussi d'éprouver la théorie en général, en comparant les valeurs observées de Θ, à celles que l'on déduit des constantes d'élasticité. Les valeurs observées de C_v et Θ, tirées de l'équation (84) sont les suivantes :

T	C_v	Θ
14,51	0,0396	329,6
15,59	0,0506	326,3
17,17	0,0687	324,6

La constance des valeurs de Θ dans la dernière colonne montre que C_v varie très remarquablement comme T^3 aux basses températures, alors que la valeur moyenne de Θ, soit 326,8, est en excellent accord avec la valeur $\Theta = 326$ calculée à partir des constantes d'élasticité du cuivre.

57. Ces exemples auront donné quelque idée de l'accord entre la théorie de Debye et l'observation. L'accord pourrait n'être pas trouvé parfait, car l'hypothèse de Debye de l'existence d'une fréquence maximum ν_m, nettement définie n'est évidemment qu'une approximation quelque peu grossière. Des tentatives variées ont été faites pour améliorer la théorie de Debye sur ce point; en particulier, on peut attirer l'attention sur les mémoires de Born et Kármán [1], où l'on traite les arrangements des atomes dans les solides comme des réseaux spatiaux du type que les travaux de Bragg sur la théorie des spectres de rayon ΔX ont rendu familier [2]. Les résultats obtenus de cette manière concordent, peut-être, un peu mieux avec l'expérience que ceux qui ont été obtenus avec la théorie plus simple, mais il paraît probable que rien d'essentiel relatif à la connaissance de la structure de la matière ne résultera d'une amélioration notable de la formule de Debye.

D'après la théorie de Debye, le solide lui-même doit avoir des vibrations libres de fréquences comprises entre o et un maximum ν_m. La loi de distribution de ces fréquences est donnée par la formule (79) qui montre que le nombre de vibrations de fréquence ν (à $d\nu$ près) est proportionnel à $\nu^2 d\nu$. Donc le spectre de ces fréquences serait une bande dont la tête serait en ν_m et dont l'intensité irait en décroissant vers les basses fréquences. La valeur de ν_m peut être calculée à partir des constantes élastiques du solide par la formule (78) ; elle est, en général, de l'ordre de 10^{12}.

Remarquons que cette formule s'obtient théoriquement en accordant un grand poids justement à cette partie de la théorie de Debye qui est évidemment la plus imparfaite, c'est-à-dire à l'hypothèse que les vibrations du solide s'arrêtent subitement à une certaine fréquence ν_m. Par conséquent il serait hardi de s'attendre à ce que les valeurs de ν_m calculées avec la formule, concordent exactement avec les valeurs déterminées à partir de l'observation des chaleurs spécifiques. Ce à quoi on peut tout au plus s'attendre, c'est à ce que les ensembles de valeurs soient approximativement les mêmes. Cela est certain, comme on le verra dans le prochain paragraphe (cf. le tableau *infrà*).

58. Lindemann [3] a donné la formule suivante, empirique à quelque degré, et qui représente avec une précision surprenante les valeurs de ν_m pour les substances examinées. Si T_s représente la température absolue du point de fusion de la substance, m le poids atomique et V le volume atomique, la formule de Lindemann [4] est :

[1] *Phys. Zeitschr.*, 14, p. 15 et p. 65 (1913).
[2] *Cf* un mémoire de Thirring, *Phys. Zeitschr.*, 14, p. 867 (1913), et aussi § 60, *infrà*.
[3] *Phys. Zeitschrift*, 11, p. 609. (1910).
[4] Dans le mémoire original de Lindemann, la constante multiplicatrice, qui est purement empirique, était $2.06 . 10^{12}$ et ν_m avait une signification également différente.

$$\nu_m = 3{,}08 \times 10^{12} \times \sqrt{\dfrac{T_s}{m V^{\frac{2}{3}}}} \qquad (85)$$

Cela concorde mieux avec les valeurs observées de ν_m que ne le font les valeurs calculées, directement au moyen des constantes d'élasticité, comme le montre la table suivante : [1]

Élément	ν_m calculé (Lindemann)	ν_m observé (chaleurs spécifiques)	ν_m calculé (constantes élast.)
Al.	$8{,}3 \times 10^{12}$	$8{,}3 \times 10^{12}$	$8{,}0 \times 10^{12}$
Cu	$7{,}5 \times 10^{12}$	$6{,}6 \times 10^{12}$	$6{,}6 \times 10^{12}$
Zn . . .	$4{,}8 \times 10^{12}$	$4{,}8 \times 10^{12}$	. . .
Ag	$4{,}8 \times 10^{12}$	$4{,}5 \times 10^{12}$	$4{,}3 \times 10^{12}$
Pb. . . .	$2{,}0 \times 10^{12}$	$1{,}9 \times 10^{12}$	$1{,}44 \times 10^{12}$
Diamant. .	$35{,}0 \times 10^{12}$	$40{,}0 \times 10^{12}$	. . .

59. Il convient de mentionner ici la théorie antérieure qu'Einstein avait proposée pour expliquer les chaleurs spécifiques. Au lieu de supposer que l'énergie du solide réside seulement dans l'énergie cinétique des atomes, ils supposait que les atomes étaient absolument au repos et que chacun d'eux avait trois degrés de vibration interne de même fréquence ν. En supposant que l'énergie de ces vibrations était gouvernée par la formule de Planck (80) il arrivait à l'équation :

$$E = 3NRT \times \frac{x}{e^x - 1} \qquad (86)$$

donnant l'énergie totale du solide ; 3NRT serait la valeur que donnerait la mécanique classique (§ 51). En différentiant par rapport à T, on obtient une formule qui reproduit les courbes expérimentales de la figure 2 dans leur allure générale, mais qui ne concordent pas avec elles aux erreurs d'expérience près.

L'explication d'Einstein pour les chaleurs spécifiques doit être remplacée par celle de Debye, mais elle a son importance dans l'usage que Nernst [2] en a fait pour l'explication des chaleurs spécifiques des substances composées. Cette méthode sera suffisamment claire si l'on considère une substance diatomique telle, par exemple, que le chlorure de potassium.

Nernst suppose que l'énergie calorifique par unité de masse du chlorure de potassium se compose de deux parties : l'énergie interne des

(1) Dans cette table, les deux premières colonnes sont prises dans le rapport de Nernst paru dans : Vorträge über Kinetische Theorie der Materie, p. 77 (1914) et sont calculées au moyen de la formule de Lindemann (69). Einstein prend le facteur numérique dans la formule de Lindemann égal à $2{,}12 \times 10^{12}$, et il donne une table des valeurs ainsi calculées dans La Théorie du Rayonnement et des Quanta p. 415.

(2) Nernst, rapport dans Vorträge über die Kinetische Theorie der Materie.

molécules et l'énergie cinétique du mouvement des molécules, l'une par rapport à l'autre. L'énergie interne des molécules est supposée provenir des vibrations des atomes l'un par rapport à l'autre. Géométriquement il doit y avoir trois degrés de liberté dans ces vibrations internes. Nernst suppose qu'ils ont tous exactement la même fréquence et il identifie cette fréquence avec la fréquence de la bande d'absorption étroitement définie, que Rubens a observée dans l'infra-rouge par la méthode des rayons restants ([1]). L'énergie interne des N molécules par unité de masse est donnée maintenant par la formule d'Einstein (86), où $x = \dfrac{h\nu_2}{RT}$, ν_2 représentant pour toute substance, la fréquence observée de la bande d'absorption dans l'infra-rouge. Nernst suppose que l'énergie cinétique des molécules considérées comme un tout est donnée par la formule de Debye (82), les molécules jouant maintenant le rôle joué par les atomes dans la formule de Debye. On peut donc calculer, ces hypothèses étant faites, l'énergie totale des N molécules, et par différentiation, la chaleur spécifique. Celle-ci sera la somme de deux chaleurs spécifiques, l'une calculée avec la formule d'Einstein, l'autre avec celle de Debye. Si nous faisons la somme des deux expressions obtenues par dérivation de (82) et (86), nous obtiendrons deux fois la chaleur atomique, car nous supposons maintenant qu'il y a N molécules par unité de volume.

Le tableau suivant, choisi parmi plusieurs de ceux qu'a donnés Nernst ([2]) dans le rapport déjà cité, indiquera le degré de l'accord avec l'observation.

Valeurs de $2c_p$ pour KCl.

T	Terme d'Einstein dans $2c_v$	Terme de Debye dans $2c_v$	Terme correctif $2(c_p - c_v)$	$2c_p$ calc.	$2c_p$ observ.
22,8	0,046	1,04	. . .	1,086	1,16
26,9	0,13	1,48	. . .	1,61	1,52
30,1	0,25	1,87	. . .	2,12	1,96
33,7	0,43	2,23	. . .	2,68	2,50
48,3	1,43	3,52	. . .	4,95	5,70
57,6	2,13	4,06	0,02	6,21	6,12
70,0	2,89	4,57	0,04	7,50	7,58
86,0	3,66	4,97	0,06	8,79	8,72
235	5,55	5,81	0,32	11,68	11,78
416	5,83	5,91	0,68	12,42	12,72
550	5,87	5,93	0,90	12,70	13,18

(1) *Sitzungsb. d. Preuss. Akad*, Berlin, 5 juin 1913.
(2) *L.c.* p. 81.

Le terme d'Einstein dans la seconde colonne est calculé en assignant à ν la valeur réellement observée pour lui par Rubens $\left(\dfrac{h\nu}{R} = 166\right)$; le terme de Debye dans la troisième colonne est calculé en assignant à ν_m la valeur donnée par la formule de Lindemann (85) et le terme correctif se calcule à partir des constantes physico-chimiques connues du chlorure de potassium. Ainsi les valeurs calculées dans la quatrième colonne sont en réalité dérivées d'une formule où toute constante se détermine expérimentalement, et il n'y a pas de constantes ajustables du tout. Dans ces circonstances, l'accord entre ces valeurs de $2c_p$ calculées et observées doit être regardé comme très remarquable d'autant plus que cet accord est également bon dans le cas des autres substances pour lesquelles on connaît ν_2 (la fréquence de la bande d'absorption des rayons restants), soient $NaCl$, $AgCl$, KBr et $PbCl_2$.

Il est donc ainsi prouvé que la théorie des quanta est capable de prédire avec un succès frappant une relation entre des phénomènes aussi différents par leurs natures que le sont le rayonnement du corps noir, les bandes d'absorption principale infra-rouge des solides, et leurs chaleurs spécifiques.

Thirring [1] a aussi tenté de rendre compte des chaleurs spécifiques des corps composés en étendant les idées de Born et Karman [2] aux réseaux spatiaux dans lesquels deux ou plusieurs masses différentes sont supposées alterner. De cette manière, il est possible de calculer la relation entre l'élasticité et la chaleur spécifique des cristaux réguliers. Le calcul a été effectué pour $NaCl$, KCl, CaF_2 et FeS_2. L'auteur trouve une déviation moyenne de 2,3 o/o avec un maximum de 4 o/o, dans les valeurs observées pour l'intervalle de température considéré par lui, intervalle beaucoup plus petit que celui sur lequel s'étendent les tables de Nernst.

60. Il n'y a pas de doute qu'il doive y avoir, en théorie du moins, d'autres contributions aux chaleurs spécifiques à côté de celles que nous avons considérées ; ce qui est remarquable c'est que les déviations correspondantes que nous avons eues à considérer à partir des formules théoriques ne paraissent presque pas être expérimentalement remarquables. La présence d'électrons libres doit ajouter quelque

(1) *Phys. Zeitschr.*, 15, p. 180, et aussi p. 127. (1914).
(2) Cf. § 56, *suprà*.

chose à la chaleur spécifique, mais tout se passe comme si leur contribution était trop faible pour être décelée expérimentalement.

Nernst et Lindemann n'ont pas trouvé de différence essentielle entre les chaleurs spécifiques des bons et des mauvais conducteurs ; Richter [1] a examiné les chaleurs spécifiques d'une série d'alliages de Bi-Sn et de Bi-Pb à ce point de vue, et il conclut que dans ces alliages, les électrons, de toute manière, ne contribuent pas sensiblement à augmenter la chaleur spécifique.

D'autre part, les rotations des atomes ou des molécules doivent théoriquement contribuer à augmenter la chaleur spécifique. Les atomes peuvent certainement tourner, car si un cristal est tourné dans la main, ses axes optiques auront tourné en bloc avec le corps, montrant que chaque atome doit avoir changé individuellement sa direction, de même si un aimant tourne, son champ magnétique tournera avec lui. L'absence d'une contribution appréciable aux chaleurs spécifiques s'explique, dans la théorie des quanta, en supposant que les forces qui s'opposent aux mouvements de rotation à l'intérieur du solide sont si grandes que les vibrations correspondantes sont de très hautes fréquences et qu'ainsi elles possèdent normalement une très faible énergie. Aussi loin que la théorie peut aller, il n'est pas question de devoir ajouter, aux termes obtenus (§ 59) par la théorie de Nernst, un terme nouveau exactement semblable au terme d'Einstein,

mais avec $x = \dfrac{h\nu_3}{RT}$ où ν_3 serait une fréquence (ou une fréquence moyenne) des vibrations qui dépendent de la rotation des atomes [2].

Il convient de remarquer que le sodium et le mercure présentent un accroissement de leurs chaleurs spécifiques, supérieur à ce que la théorie prévoit, lorsqu'on s'approche du point de fusion [3], quand l'intensité des forces qui empêchent l'atome de tourner a diminué comme on peut le présumer ; Nernst et Lindemann ont trouvé que les choses sont analogues pour les substances qu'ils ont observées.

Mais dans les cas normaux, ces déviations de la théorie simple sont trop petites pour être décelées expérimentalement et on peut établir comme une règle générale (non applicable près du point de fusion)

---

(1) *Ann. der Phys.*, 39, p. 1590 (1912).
(2) Cf. Grüneisen, Molekülartheorie der festen Körper ; rapport présenté au second Congrès Solvay de physique (Bruxelles 1913) et aussi, A. E. Oxley, *Proc. Camb. Phil. Soc.* 17, p. 450 (1914).
(3) Oxley, *l. c.*

que le mouvement de translation des atomes suffit à rendre compte
des chaleurs spécifiques observées.

61. On peut résumer les résultats de Debye (§§ 54, 55) en disant
que l'énergie calorifique totale d'un élément réside dans l'énergie de
ses vibrations d'ordre élastique, les atomes étant traités comme les
particules du solide, et chaque vibration ayant exactement l'énergie
qui lui est allouée par la théorie des quanta. Nernst a montré que
pour les corps composés examinés par lui, le même résultat est vrai
sauf que les molécules doivent être traitées comme les particules du
solide et qu'à l'énergie des vibrations élastiques du solide, on doit
ajouter l'énergie des vibrations internes des molécules, chaque vibration ayant de nouveau exactement l'énergie que lui prescrit la théorie
des quanta.

Ces deux théories, aussi bien que les théories de Born et Karman,
et de Thirring sont résumées par l'explication générale que l'énergie
calorifique d'un solide est l'énergie des vibrations des atomes du solide,
chaque vibration ayant exactement l'énergie que lui accorde la théorie
des quanta, et par conséquent ayant la même énergie qu'une vibration
lumineuse de même fréquence.

Cela rappelle le résultat obtenu au § 9, que la condition d'équilibre
entre une vibration de la matière et les vibrations de l'éther est l'égalité de l'énergie moyenne des vibrations de même fréquence. Ce
résultat était obtenu, au § 9, au moyen de l'ancienne mécanique : la
théorie des chaleurs spécifiques suggère qu'il doit être vrai aussi dans
la mécanique des quanta.

CHAPITRE VII

LA DYNAMIQUE DE LA THÉORIE DES QUANTA

62. Nous avons discuté jusqu'ici les quatre phénomènes qui donnent la preuve la plus directe des défauts de la dynamique classique et de la nécessité d'une nouvelle dynamique que nous pouvons appeler la dynamique des quanta. Les quatre phénomènes que nous avons considérés sont :

I. Le rayonnement du corps noir.

II. Les spectres des éléments.

III L'effet photo-électrique.

IV. Les chaleurs spécifiques des solides.

Que ces phénomènes concourent à montrer l'insuffisance de la mécanique newtonienne, il n'est pas nécessaire de la rediscuter ; qu'ils concourent vers la même dynamique des quanta, cela se voit clairement en comparant les valeurs de h qui se déduisent des quatre phénomènes en question. Ces valeurs sont les suivantes :

I. De rayonnement de corps noirs [1] $h = 6{,}55 \times 10^{-27}.$

II. De la constante de Rydberg [2] $h = 6{,}547 \times 10^{-27}.$
Des spectres K [3] $h = 6{,}555 \times 10^{-27}.$

III. De l'effet photo-électrique (sodium) [4] $h = 6{,}561 \times 10^{-27}.$
« « (lithium) [5] $h = 6{,}585 \times 10^{-27}.$

IV. Des chaleurs spécifiques à basses températures [6] $h = 6{,}59 \times 10^{-27}.$

(1) W. W. Coblentz, *Scientific Papers, Bureau of Standards*, n° 360 (1920).
(2) R. A. Millikan, *Phil. Mag.*, 34, p. 15 (1917).
(3) Blake et Duane, *Phys. Review.*, 10, p. 624 (1917).
(4) R. A. Millikan, *Phys. Review.*, 4, p. 73 (1914).
(5) R. A. Millikan, *Phys. Review.*, 6, p 55 (1915).
(6) Expériences de Keesom et Kamerlingh-Onnes (*cf.* § 56, *suprà*).

Donc la même constante h apparaît comme intimement liée aux quatre phénomènes qui se sont montrés inexplicables par la mécanique classique. Qu'est-ce que h et quelle est la nouvelle dynamique dont h apparaît le centre?

Nous avons vu que le phénomène du rayonnement du corps noir s'expliquerait si nous supposions que l'énergie rayonnante n'existe qu'en quanta complets ε, définis par $\varepsilon = h\nu$, où ν est la fréquence de la radiation; ou si nous supposions (avec Planck) que l'énergie de la matière consiste entièrement en énergie de vibrateurs isochrones et que l'énergie de chaque vibrateur n'existe qu'en quanta complets d'énergie ε, avec $\varepsilon = h\nu$, où ν est maintenant la fréquence du vibrateur; ou encore si nous supposions (avec Einstein) que les atomes de matière n'existent que sous certains états définis et que l'échange d'énergie entre la matière et le champ du rayonnement avoisinant, produit par le saut brusque d'un atome d'un état à un autre ne peut s'effectuer que par quanta simples et isolés d'énergie rayonnante, ces quanta étant de nouveau définis par l'équation

$$\varepsilon = h\nu.$$

Revenons aux spectres de raies des éléments les plus simples; nous avons trouvé que ceux-ci n'admettaient pas une telle variété d'explications. La théorie de Bohr conduit à des résultats en si complet accord avec l'observation qu'on ne peut plus douter qu'elle contienne la vraie explication du spectre de raies. Les bases de cette théorie sont très précisément les suivantes :

I. Les atomes formés seulement d'un noyau et d'un électron ne peuvent exister qu'à certains états définis, et ceux-ci sont caractérisés par l'équation [cf. équation (56)] :

$$W = \frac{1}{2}\,\tau h\nu$$

où ν est la fréquence de l'électron dans son orbite, W est l'énergie changée de signe de l'atome, et où τ est nécessairement un entier ;

II Les transports d'énergie de la matière au rayonnement se font par quanta complets et uniques d'énergie rayonnante ; ils sont donc donnés par l'équation

$$\Delta W = h\nu.$$

Nous avons vu que l'effet photo-électrique peut aussi être expliqué très simplement et d'une manière convaincante en fonction de la théorie de Bohr ; la seule hypothèse nouvelle à ajouter est l'hypothèse inverse de (II), on peut la formuler ainsi :

(III) Les transports d'énergie du rayonnement à la matière se font par quanta complets et uniques d'énergie rayonnante, et sont exprimés par suite au moyen de l'équation :

$$- \Delta W = h\nu$$

Il apparaît donc que les trois hypothèses que nous avons numérotées (I), (II) et (III) suffisent à expliquer trois des quatre phénomènes que nous avons considérés. Pour expliquer le quatrième, les chaleurs spécifiques des solides aux basses températures, nous avons trouvé qu'il est nécessaire d'introduire une quatrième hypothèse :

(IV) L'énergie des vibrations dans un solide élastique ne se présente que par quanta définis ; si E est l'énergie d'une vibration, on a

$$E = \tau h\nu$$

τ étant entier.

63. Ces quatre hypothèses peuvent naturellement être prises comme bases d'une dynamique des quanta. Nous avons vu qu'elles suffisent pour expliquer les quatre principaux phénomènes que nous avons discutés ; nous pouvons presque dire qu'elles sont nécessaires, puisque les explications qu'elles donnent sont si convaincantes qu'il est difficile d'imaginer qu'un autre ensemble d'hypothèses rencontrerait le même succès.

Ces quatre hypothèses se groupent naturellement en deux couples (II) et (III) concernant les échanges d'énergie entre le rayonnement et la matière, alors que (I) et (IV) ne concernent pas le rayonnement du tout, mais sont relatives à la partition de l'énergie dans la matière.

Les hypothèses (II) et (III) peuvent être résumées dans l'hypothèse unique que tout échange d'énergie entre la matière et le rayonnement se fait par quanta uniques et complets de rayonnement ; ou mathématiquement :

$$\Delta W = \pm h\nu \tag{87}$$

où ν est la fréquence du rayonnement émis ou absorbé.

Les deux couples d'hypothèses sont intimement liés par le principe dit de « combinaison » dû à Ritz (¹) d'après lequel toutes les raies des séries dans le spectre d'un élément ont des fréquences qui peuvent s'exprimer comme des différences d'autres fréquences. Prenons par

---

(¹) *Phys. Zeitschr.* 9 p. 521 (1908) ou *Astroph. Journ*. 28, p. 237 (1908). Pour une discussion simple, voir Campbell ; Series spectra (Camb. Univ. Press 1921) p. 11, voir aussi Fowler : *Report on Séries in Line spectra* p. 23.

exemple le spectre de l'hydrogène ; si nous écrivons

$$\nu_s = \frac{N}{\tau_s^2} \qquad (88)$$

N étant la constante de Rydberg, et τ_s étant un entier de 1 à ∞, alors tout le spectre de l'hydrogène, comme nous l'avons vu au chapitre IV, s'obtient en posant

$$\nu = \nu_m - \nu_n \qquad (89)$$

où m et n sont toutes les valeurs entières possibles de 1 à ∞. En général le spectre d'un élément présente des fréquences qui peuvent s'exprimer comme de simples différences de fréquences plus fondamentales à la manière de l'équation (89).

La vérité et l'exactitude du principe de combinaison sont indiscutées. L'hypothèse des quanta, exprimée par (87), nous contraint de suppposer que le rayonnement est émis ou absorbé par « paquets » finis et le principe de conservation de l'énergie exige maintenant que l'émission et l'absorption doivent être accompagnées de sauts finis, dans l'énergie du système matériel qui émet ou absorbe de l'énergie. Si nous posons

$$W_m = h\nu_m \qquad W_n = h\nu_n \text{ etc.}$$

de sorte que W_m, W_n... ont les dimensions d'une énergie, le principe de combinaison exprime que l'équation (89) peut s'écrire sous la forme :

$$h\nu = W_m - W_n$$

et l'hypothèse des quanta (87) prend dès lors la forme :

$$\Delta W = W_m - W_n$$

En langage ordinaire, cela veut dire que tous les sauts possibles de l'énergie dans l'émission ou dans l'absorption du rayonnement peuvent s'exprimer comme des différences simples de certaines énergies plus fondamentales W_1, W_2...W_m,...W_n... Il serait difficile d'interpréter cela d'une manière plus naturelle qu'en disant que le mécanisme ne peut exister que dans certains états définis correspondant aux énergies W_1, W_2... Les hypothèses quantiques que nous avons appelées (I) et (IV) nous confirment cette interprétation, celles-ci se rapportent en effet plutôt à des cas particuliers du résultat général auquel nous a conduits le principe de combinaison. L'hypothèse (I) exige que les états possibles d'un atome formé d'un noyau et d'un seul électron soient caractérisés par l'équation :

$$W = \frac{1}{2}\tau h\nu \qquad (90)$$

pendant que l'hypothèse (IV) exige que les états possibles de vibration d'un solide élastique soient caractérisés par l'équation :

$$E = \tau h\nu \qquad (91),$$

64. Il est naturel de rechercher si les hypothèses spéciales exprimées par les équations (90) et (91) peuvent être regardées commes des cas particuliers d'une hypothèse plus générale applicable à tous les systèmes dynamiques. Chacune de ces deux équations se rapporte à un mouvement dans lequel une coordonnée seule varie, et si T, V désignent les énergies cinétique et potentielle du mouvement, nous avons dans le cas particulier auquel se rapporte l'équation (90) [cf. § 36].

$$T = W$$

de sorte que l'équation devient :

$$2T = \tau h \nu \tag{92}$$

Dans le cas particulier auquel l'équation (91) est relative, celui d'un mouvement ondulatoire de petite amplitude, nous avons :

$$\overline{T} = \overline{V} = \frac{1}{2} E$$

la barre indiquant la valeur moyenne sur une période complète de la variable surlignée, de sorte que l'équation (91) s'écrira sous la forme :

$$\overline{2T} = \tau h \nu \tag{93}$$

Dans l'équation (92), T est constant pendant le mouvement, c'est donc la même chose que $\overline{T}$. Donc les deux équations (90) et (91) qui exprimaient les hypothèses primitives (I) et (IV) sont résumées par l'unique équation (93).

Mouvements permis et mouvements défendus.

65. La mécanique classique prévoit pour chaque système dynamique une série infinie de mouvements, et l'on passe d'un de ces mouvements aux autres d'une façon continue — par exemple, un électron peut décrire une orbite circulaire de rayon r autour d'un noyau positif et toutes les valeurs de r sont possibles. Nous savons clairement déjà que la mécanique des quanta permet qu'un certain nombre seulement de ces mouvements se réalisent; elle prend la série infinie des mouvements permis par la mécanique classique et elle les divise d'une façon tranchée en mouvements « permis » et « mouvements défendus »; les premiers étant, dans tous les cas considérés, en nombre infinitésimal comparé au nombre des derniers. Pour revenir à l'exemple de l'orbite circulaire de l'électron, les mouvements « permis » sont

ceux pour lesquels r a l'une ou l'autre des valeurs de la série [Cf. équation (57)] :

$$r = \frac{\tau^2 h^2}{4\pi^2 meE} \quad (\tau = 1, 2, 3.., \infty)$$

alors que les autres valeurs de r, quoique permises par la mécanique classique sont interdites ou sont défendues, par la mécanique des quanta. De cette manière, nous arrivons à la conception des équations spéciales de la dynamique des quanta, ce sont des restrictions supplémentaires qu'il faut superposer aux équations de la mécanique classique, et il est clair que c'est par ces équations supplémentaires que la constante quantique h entre dans le cadre des lois de la nature. Certaine fonction des coordonnées et des vitesses qui peut avoir toutes les valeurs qui nous plaisent suivant la mécanique classique, est assujettie par les équations quantiques, à n'avoir que des valeurs qui sont des multiples entiers de h.

Il n'est pas vraisemblable que les fonctions qui ne peuvent prendre que des valeurs multiples de h, soient entièrement différentes pour des problèmes différents ; nous devons plutôt nous attendre à ce qu'on découvre une ou plusieurs fonctions générales qui s'appliquent à tous les problèmes dynamiques possibles. Nous avons vu, par exemple, que la relation

$$\frac{2\mathrm{T}}{\nu} = \tau h \tag{94}$$

s'applique aux deux problèmes de l'atome de Bohr à un électron et des vibrations d'un solide élastique. Il est clair cependant que cela ne peut pas être la forme la plus générale des équations quantiques, car ν n'a pas de signification et $\overline{\mathrm{T}}$ n'est pas bien définie, si le système n'a pas une configuration qui se répète après des intervalles de temps de même grandeur $\dfrac{1}{\nu}$.

Invariants adiabatiques.

66. Le nombre des fonctions qui peuvent être placées dans le premier membre d'une équation telle que (94) est strictement limité ; car, comme nous l'allons voir, ces fonctions doivent satisfaire à une condition très précise.

Soit F une telle quantité et imaginons un système dynamique

décrivant un mouvement conforme à l'équation :

$$F = \tau h \qquad (95)$$

τ étant un entier. Supposons que l'on change une des variables qui spécifient l'intensité d'un champ de forces externe, lentement et graduellement — par exemple, on crée lentement et graduellement un champ électrostatique dans le voisinage du système, ou on crée, on fait croître ou diminuer un champ magnétique, ou encore on introduit ou on enlève graduellement une liaison mécanique. Soit a la quantité qui change graduellement ; alors avec la variation graduelle de a, il se produit une variation graduelle dans le mouvement du système. Supposons que a varie lentement de a à $a + \delta a$ et reste ensuite constant avec cette valeur. Comme le système suit les changements de a, la valeur de F changera graduellement jusqu'à la fin de la variation et elle deviendra égale à

$$F_0 + \frac{\partial F}{\partial a} \delta a$$

où F_0 est la valeur initiale de F que nous avons déjà supposée être égale à τh. Or, pour que l'équation (95) puisse être une équation quantique dans le cas général où a peut avoir une valeur quelconque, la valeur finale de F, soit

$$F = \tau h + \frac{\partial F}{\partial a} \delta a$$

doit avoir la forme $\tau' h$, où τ' est un entier, et puisque cela doit être vrai pour toutes les valeurs de δa, on doit avoir

$$\frac{\partial F}{\partial a} = 0 \qquad (96)$$

Ce qui veut dire : *quand les paramètres qui spécifient l'intensité ou les caractères d'un champ de force externe changent graduellement, F doit conserver une valeur inchangée.*

En suivant Einstein, Ehrenfest et Burgers, auxquels on doit le développement de cet ordre d'idées, nous disons d'une fonction F qui satisfait à cette condition, qu'elle est un « invariant adiabatique ». Nous avons vu que seuls des « invariants adiabatiques » peuvent figurer dans le premier membre d'une équation quantique telle que (95).

67. Par conséquent, il est très significatif que la fonction $\dfrac{2T}{\nu}$ qui occupe le premier membre de l'équation (94) ait été déjà connue

comme un « invariant adiabatique ». C'est Boltzmann [1] qui a prouvé
cela en 1876, longtemps avant qu'on supposât que ce résultat serait
de quelque intérêt en physique moléculaire ; des démonstrations légèrement modifiées ont été données récemment par Ehrenfest [2] et
Bohr [3]. Non seulement cette fonction est un « invariant adiabatique »,
mais encore c'est la seule fonction connue qui soit un « invariant
adiabatique » pour tous les systèmes mécaniques quelles que soient
leurs configurations spéciales ou leurs autres propriétés. Dans des
problèmes spéciaux ou sous certaines conditions particulières, d'autres
fonctions peuvent aussi être des « invariants adiabatiques », les
exemples donnés par Ehrenfest [4] sont fournis par un système qui
possède des coordonnées cycliques, dans ce cas, les variables con·
juguées (*the corresponding momenta*) sont des invariants adiabatiques,
ou par une particule décrivant une orbite autour d'un champ de force
centrale d'intensité variable, dans ce cas, le moment de la quantité de
mouvement est un « invariant adiabatique ».

Dans le cas de l'atome de Bohr, on trouvera que le moment de la
quantité de mouvement est égal à $\dfrac{2\overline{T}}{\nu}$ divisée par 2π. Donc, on
peut faire cette remarque, que Nicholson fit le premier, la restriction
quantique pour un atome de Bohr peut s'exprimer en disant que le
moment de la quantité de mouvement doit être un multiple entier
de $\dfrac{h}{2\pi}$. Mais le fait que $\dfrac{2\overline{T}}{\nu}$ est un « invariant adiabatique » universel alors que le moment de la quantité de mouvement ne l'est pas,
indique que l'expression la plus significative est celle qui est fournie
par l'équation (94).

68. L' « invariant adiabatique » $\dfrac{2\overline{T}}{\nu}$ ne se rapporte qu'à des systèmes pour lesquels le mouvement se reproduit après des intervalles
égaux $\dfrac{1}{\nu}$, car le symbole ν n'a de signification que pour de tels
systèmes. Si nous écrivons σ à la place de $\dfrac{1}{\nu}$, σ sera la période, nous

[1] Vorlesungen über Mechanik, II, § 48.
[2] *Verslag Amsterdam Acad*, 25, p. 412 (1916).
[3] On the Quantum theory of line spectra, *Kgl. Danske Selsk. Skrifter, Natur-
vidoog Mathemat.*, 8, 4, I, p. 10 (1918).
[4] *Phil. Mag.*, 33, p. 504 (1917).

pouvons poser :

$$\frac{2\overline{T}}{\nu} = 2\overline{T}\sigma = \int_0^\sigma 2T\,dt$$

puisque $\overline{T}$ est par définition égal à la valeur moyenne de T prise sur une période σ. Cette dernière intégrale est l' « action » prise sur une période complète. Ainsi alors que la mécanique newtonienne exige que l'action soit un minimum, la dynamique des quanta impose la condition nouvelle que l'action, prise sur une période complète, dans le cas considéré, soit un multiple de h.

69. Considérons pour le moment le système dynamiquement le plus général, caractérisé par n coordonnées généralisées $q_1,\, q_2,\dots\, q_n$ et par leurs dérivées $\dot{q}_1,\,\dot{q}_2,\dots\,\dot{q}_n$. Désignons par E l'énergie totale du système exprimée comme une fonction de $q_1\,q_2,\dots\,q_n\,\dot{q}_1,\,\dot{q}_2,\dots\,\dot{q}_n$ et introduisons les variables conjuguées (*momenta*) par les équations :

$$p_s = \frac{\partial E}{\partial \dot{q}_s} \quad (s = 1\,\dots n).$$

Puisque l'énergie cinétique T est une fonction du second degré des vitesses $\dot{q}_1,\,\dot{q}_2,\dots\,\dot{q}_n$ nous avons : (1)

$$2T = \sum \frac{\partial T}{\partial \dot{q}_s}\,\dot{q}_s = \sum \frac{\partial E}{\partial \dot{q}_s}\,\dot{q}_s = \sum p_s \dot{q}_s,$$

de sorte que l'action, prise sur un intervalle de temps de o à t est :

$$\int_0^t 2T\,dt = \sum \int_0^t p_s \dot{q}_s\,dt = \sum \int_0^t p_s\,dq_s \qquad (98)$$

70. Dans le cas particulier où le système n'a qu'un degré de liberté et a une période définie σ, l'espace généralisé du type que nous avons introduit au § 15 ne contient que deux coordonnées p et q et se réduit ainsi à un plan : on tire des équations (97) et (98)

$$\frac{2\overline{T}}{\nu} = \int_0^\sigma pdq. \qquad (99)$$

Donc, par hypothèse, le point dans ce plan qui représente le mouvement du système revient à sa position primitive à des intervalles successifs σ, et décrit ainsi indéfiniment une certaine courbe fermée

---

(1) Les égalités précédentes ne sont valables que si ladite fonction du second degré est une forme quadratique. Les liaisons du système peuvent alors s'exprimer par des équations qui ne contiennent pas le temps explicitement ; on suppose que cela a lieu dans le problème traité (N. d. T.).

dans ce plan. L'aire de cette courbe fermée est évidemment $\int p\,dq$, de sorte que l'équation (99) montre que l'aire totale de cette courbe est égale à $\dfrac{2\overline{T}}{\nu}$. La condition quantique (94) qui a donné, comme nous l'avons vu, des résultats exacts dans le problème de l'atome de Bohr et dans celui des vibrations d'un solide élastique se trouve exprimée dès lors par une équation de la forme :

$$\int p\,dq = \tau h \qquad (100)$$

L'effet des conditions quantiques est donc d'astreindre le point représentatif à décrire certaines courbes fermées dans le plan (p, q), ces courbes étant définies par la condition que leurs aires soient des multiples entiers de h [1].

71. La découverte de généralisations convenables de l'équation (100) constitue l'un des principaux problèmes de la dynamique des quanta. Dans le cas le plus général auquel cette équation est applicable, celui d'un système à deux degrés de liberté décrivant une trajectoire périodique de période σ, il est hautement probable, quoique pas encore rigoureusement prouvé, que cette équation exprime la vraie condition quantique. Car le premier membre est un « invariant adiabatique » et il est le seul « invariant adiabatique » connu, qui conduise au résultat exact dans les cas simples de l'atome de Bohr et des vibrations d'un solide élastique.

72. Dans certains systèmes dynamiques, l'énergie totale E peut s'exprimer sous la forme suivante :

$$E = f_1(p_1, q_1) + f_2(p_2, q_2) + \cdots + f_n(p_n, q_n). \qquad (101)$$

Le mouvement de tels systèmes, calculé par la mécanique classique, est tel que les changements d'une coordonnée quelconque q_s ne sont pas affectés par les valeurs des coordonnées restantes q_1, q_2,... Pour certaines de ces coordonnées le mouvement sera périodique, la période étant définie d'une manière indépendante des mouvements des autres coordonnées. L'énergie cinétique T du système doit, comme E, se décomposer en une somme de contributions distinctes, chacune dépendant d'une coordonnée et de la vitesse correspondante. Or si q_s

---

[1] La courbe est soumise bien entendu à d'autres conditions, les coordonnées p et q de ses points satisfont aux équations du mouvement (N. d. T.).

est une coordonnée dont le mouvement correspondant a une période σ_s, et si T_s est la partie de l'énergie cinétique qui dépend de q_s et de p_s, on peut montrer que :

$$\int_0^{\sigma_s} 2T_s\, dt \qquad (102)$$

est un invariant adiabatique pourvu qu'aucune des périodes $\sigma_1,\ \sigma_2,\ldots$ ne soit égale à une autre ou commensurable avec une ou plusieurs autres. Si cette dernière condition est satisfaite, il paraît probable que les équations quantiques du système caractérisé par l'équation (101), soient :

$$\int_0^{\sigma_s} 2T_s\, dt = \tau_s h, \qquad (103)$$

qui peut, sans doute, s'exprimer sous la forme

$$\int_{t=0}^{t=\sigma_s} p_s\, dq_s = \tau_s h \qquad (104)$$

Systèmes quasi-périodiques,

72. Dans le cas le plus général, l'énergie, étant de la forme

$$E = f(p_1, p_2,\ldots q_1,\ q_2 \ldots) \qquad (105)$$

ne peut être décomposée en une somme dont chacun dépend seulement d'une coordonnée et de sa conjuguée. Il y aura cependant dans chaque cas spécial un certain nombre d'intégrales des équations classiques du mouvement ; supposons que dans un problème particulier, elles soient :

$$\varphi_1(p_1,\ q_1,\ p_2,\ q_2,\ldots) = \alpha_1$$
$$\varphi_2(p_1,\ q_1,\ p_2,\ q_2,\ldots) = \alpha_2 \text{ etc.} \qquad (106)$$

où $\alpha_1,\ \alpha_2,\ldots$ sont des constantes d'intégration qui conservent la même valeur pour tout le mouvement du système tant que ce mouvement est régi par la mécanique classique.

En général la variable p_s, définie par l'équation

$$p_s = \frac{\partial E}{\partial q_s} \qquad (107)$$

ne peut pas s'exprimer en fonction de q_s seulement. Dans certains problèmes particuliers, il est possible d'éliminer toutes les coordonnées et leurs variables conjuguées, autre que p_s et q_s des équations

(106) et (107) et obtenir, pour certaines coordonnées du moins, des équations du type :

$$p_s = f_s(q_s) \qquad (108)$$

L'équation $f_s(q_s) = 0$ peut avoir un certain nombre de racines réelles. Pour chaque valeur du temps où q_s atteint une de ces racines, p_s s'annule de sorte qu'en général la direction de la variable p_s est retournée ; (elle change de signe, N.D.T.).

Si l'équation $f_s(q_s) = 0$ n'a pas de racines réelles, p_s conserve le même signe pendant tout le mouvement, comme par exemple, dans le cas du mouvement en ligne droite sous l'effet d'aucune force.

Si l'équation $f_s(q_s) = 0$ n'a qu'une seule racine réelle Q, le mouvement sera tel que p_s conservera le même signe jusqu'à ce que q_s passe par la valeur $q_s = Q$, après quoi, p_s prend le signe opposé, mais reste avec ce nouveau signe pendant toute la durée du mouvement ultérieur ; c'est ce qui arrive par exemple dans le mouvement d'une particule lancée dans le champ gravifique dans une direction opposée au champ.

Sauf pour ces cas spéciaux, $f_s(q_s) = 0$ aura au moins deux racines réelles, et si Q_1 et Q_2 sont deux racines consécutives, il y aura un mouvement possible dans lequel q oscillera entre les valeurs Q_1 et Q_2. De tels systèmes sont appelés systèmes « quasi périodiques ». Chaque coordonnée dont la variable conjuguée pourra être exprimée sous la forme (108) oscillera entre deux limites fixes telles que Q_1 et Q_2, tout comme la coordonnée d'un système qui ne possède qu'un degré de liberté. Un exemple nous est fourni par une particule qui décrit une orbite elliptique autour d'un champ de force centrale dont la loi est celle de l'inverse du carré de la distance. Si r est le rayon vecteur, la variable conjuguée peut s'exprimer en fonction de r seulement et la coordonnée r oscille entre deux valeurs r_1 et r_2 tout comme si la particule n'avait qu'un degré de liberté.

Sommerfeld, Epstein, Debye et d'autres physiciens ont admis que pour les systèmes quasi-périodiques, les équations quantiques sont du type :

$$\int p_s dq_s = \tau_s h \qquad (109)$$

où l'intégrale est prise sur une vibration complète de la coordonnée q_s. Il y aura évidemment une telle équation pour chaque coordonnée q^s dont la variable conjuguée peut s'exprimer sous la forme (108).

Cette hypothèse a été immédiatement couronnée de succès et par suite justifiée. Une autre justification est due à Burgers qui prouva que les premiers membres des équations (108) sont des invariants adiabatiques, sauf si les périodes d'oscillation des différentes coordonnées sont commensurables (^{1}), ce qui est un cas physiquement peu important.

L'atome de Bohr avec des orbites elliptiques.

74. Les idées précédentes tiennent leur importance pratique surtout de leur application à l'atome de Bohr dans le cas général où l'électron n'est pas astreint à parcourir des orbites circulaires. Nous avons déjà vu que l'hypothèse des orbites électroniques circulaires permet de prévoir les spectres de raies de l'atome d'hydrogène et de l'hélium ionisé ; mais chacune des raies dans le spectre, par exemple, H_α, H_β, etc., était déclarée être une véritable « ligne » mathématique, sans largeur, correspondant à une fréquence parfaitement définie.

En fait, on sait que chacune de ces « raies » a une structure fine très compliquée, quand on l'observe avec une dispersion suffisante ; la raie unique prévue par la théorie simple de Bohr, consiste donc en un faisceau d'un grand nombre de raies tout à fait distinctes. Sommerfeld a montré que cette « structure fine » peut s'expliquer pourvu que l'on renonce à la restriction que l'électron doive parcourir des orbitres circulaires (^{2}).

La structure fine des raies spectrales.

75. Tout en suivant Sommerfeld, examinons d'abord la forme que prennent les équations quantiques pour un électron qui décrit une orbite elliptique autour d'un noyau central. Si pour le moment nous négligeons la dépendance de la masse de l'électron de sa vitesse et si nous négligeons aussi le rapport de la masse de l'électron à celle du noyau, nous pouvons mettre l'énergie cinétique et l'énergie potentielle sous les formes :

$$T = \frac{1}{2}\, mv^2, \qquad V = -\frac{eE}{r} \qquad (110)$$

_____

(1) C'est-à-dire s'il existe entre ces périodes une ou plusieurs équations linéaires et homogènes à coefficients entiers. (N. d. T).

(2) *Ann. d. Physik.*, 51, p. 1 et p. 125 (1916) ou La Constitution de l'Atome, trad. Bellenot, p. 261.

En utilisant des coordonnées polaires θ, r la valeur de T est :

$$\frac{1}{2} m(r^2\dot\theta^2 + \dot r^2)$$

et les deux variables conjuguées à θ et à r, sont

$$p_1 = mr^2\dot\theta, \qquad p_2 = m\dot r. \qquad (111)$$

Puisque l'énergie du système ne contient pas θ, la première équation du mouvement d'après la mécanique classique entraîne l'équation : $p_1 = $ constante, ou

$$mr^2\dot\theta = \text{constante}. \qquad (112)$$

Au lieu de la seconde équation, on peut utiliser l'équation de l'énergie, qui peut s'écrire :

$$\frac{1}{2} m(r^2\dot\theta^2 + \dot r^2) - \frac{eE}{r} + W = 0,$$

où W est l'énergie constante changée de signe de l'orbite; on a dès lors en utilisant les valeurs (111) :

$$\frac{1}{2} m\left(p_2^2 + \frac{p_1^2}{r^2} \right) - \frac{eE}{r} + W = 0. \qquad (113)$$

Puisque p_1 est constant, cette équation prouve que p_2^2 est une fonction de r seulement. C'est d'ailleurs une fonction du second degré de r, de sorte que la valeur de r oscillera entre 2 valeurs r_1 et r_2, qui sont les racines de l'équation (113) où l'on fait $p_2 = 0$. Ces valeurs r_1 et r_2 sont évidemment égales à $a(1 \pm \varepsilon)$, a étant le demi grand axe et ε l'excentricité de l'orbite décrite.

Conformément aux hypothèses exposées au § 72, Sommerfeld prend les équations suivantes pour conditions quantiques

$$\int v_1 d\theta = \tau_1 h \qquad (114)$$

$$\int p_2 dr = \tau_2 h, \qquad (115)$$

les limites de l'intégrale de (114) sont 0 et 2π, celles de l'équation (115) r_1 et r_2 puis retour de r_2 à r_1.

La première équation montre simplement que p_1 a une valeur de la forme :

$$p_1 = \frac{h}{2\pi} \tau_1$$

où τ_1 est un entier. En introduisant cette valeur de p_1 dans l'équa-

tion (113) nous trouvons après intégration que l'équation (115) prend
la forme :

$$\frac{\tau_1 h}{2\sqrt{r_1 r_2}} (\sqrt{r_1} - \sqrt{r_2})^2 = \tau_2 h.$$

D'où l'on tire d'après les valeurs de r_1 et r_2 :

$$W = \frac{2\pi^2 m e^2 E^2}{(\tau_1 + \tau_2)^2 h^3} \qquad (116)$$

Une formule connue donne l'excentricité ε en fonction de W, c'est :

$$1 - \varepsilon^2 = \frac{2 W p_1^2}{m e^2 E^2},$$

d'où en remplaçant W par sa valeur

$$1 - \varepsilon^2 = \frac{\tau_1^2}{(\tau_1 + \tau_2)^2} \qquad (117)$$

Dans cette formule τ_1 et τ_2 doivent être entiers, l'excentricité ε ne peut
donc prendre que certaines valeurs discrètes. Quand $\tau_2 = 0$, $\varepsilon = 0$;
on a alors les orbites circulaires déjà considérées; pour toutes les autres
valeurs de τ_2 l'excentricité n'est pas nulle, et l'on a dès lors des orbites
elliptiques. Si a et b sont les demi-axes de l'orbite, $1 - \varepsilon^2 = \dfrac{b^2}{a^2}$,
de sorte que les valeurs de l'excentricité données par l'équation (117)
sont celles pour lesquelles le rapport $\dfrac{b}{a}$ est commensurable, ce rapport
étant en effet $\dfrac{\tau_1}{\tau_1 + \tau_2}$.

Dans la formule (116), τ_1 et τ_2 doivent être entiers, mais les valeurs
permises de W sont les mêmes que si $\tau_1 + \tau_2$ était une quantité
unique astreinte à ne prendre que des valeurs entières. Donc les valeurs
permises pour W quand τ_1 et τ_2 varient sont les mêmes que celles qu'on
a obtenues en supposant $\tau_2 = 0$ et en faisant varier τ_1 tout seul.
Les valeurs qu'on obtient donc pour W sont les mêmes que celles qu'on
obtient dans le cas des orbites circulaires, ce sont exactement les mêmes
que celles que nous avons obtenues pour les spectres de raies ordinaires de l'hydrogène et de l'hélium.

Il est clair dès lors que si l'on renonce à l'hypothèse que les orbites
électroniques doivent être circulaires, on est conduit à de nouvelles
raies pour les spectres de ces éléments ; cela conduit cependant à une
interprétation quelque peu différente des raies déjà découvertes.

76. Considérons par exemple la raie H_α du spectre de l'hydrogène.
C'est la première raie de la série de Balmer et d'après la théorie simple

du chapitre IV, elle est émise quand un électron tombe d'une orbite circulaire caractérisée dans notre nouvelle notation par

$$\tau_1' = 3, \qquad \tau_2' = o$$

sur une orbite circulaire plus petite caractérisée par $\tau_1 = 2$, $\tau_2 = o$. D'après la théorie plus complète que nous venons de développer, cette raie doit être émise quand un électron tombe d'une orbite quelconque où l'on a $\tau_1' + \tau_2' = 3$ sur une orbite où l'on a $\tau_1 + \tau_2 = 2$. Les valeurs $\tau_1' = o$, $\tau_1 = o$ sont probablement impossibles puisque cela exigerait que l'électron passât à travers le noyau, mais après les avoir exclues, il reste trois ensembles de valeurs de τ_1' et τ_2' pour lesquels on a $\tau_1' + \tau_2' = 3$, et deux ensembles de valeurs de τ_1 et τ_2 pour lesquels on a $\tau_1 + \tau_2 = 2$. Il y a donc 6 événements possibles, chacun d'eux ayant pour résultat l'émission de la raie H_α, et cette raie doit être regardée maintenant comme due à la superposition de 6 raies distinctes dont la raie considérée au chapitre IV était seulement l'une d'elles.

L'analyse qui a suggéré que la raie H_α est formée par l'exacte coïncidence de six raies spectrales distinctes a été fondée sur certaines hypothèses qui ne sont qu'approximativement vraies en fait. Nous avons supposé d'abord que la masse m de l'électron est négligeable en comparaison de la masse M du noyau. L'erreur ainsi faite peut être supprimée en remplaçant m par $\dfrac{mM}{m + M}$ dans tous les calculs ; l'analyse est dès lors exacte, tout comme au chapitre IV. Mais nous avons aussi négligé la dépendance de la masse de l'électron de sa vitesse et l'erreur n'est pas aussi aisée à corriger.

77. Les modifications qu'il faut apporter à l'analyse précédente, pour tenir compte de la relation entre la masse et la vitesse ont été données par Sommerfeld [1]. La masse m d'un électron qui se meut avec la vitesse v est :

$$m = m_0(1 - \beta^2)^{-\frac{1}{2}},$$

où β est le rapport $\dfrac{v}{C}$, C étant la vitesse de la lumière en m la masse de l'électron au repos. Au lieu d'être donnée par nos équations primi-

---

[1] *Ann. der Phys.*, 51, p. 1, (1916) ou La constitution de l'Atome, trad. Bellenot, chap. V. Cf. aussi J. H. Jeans, *Dynamical Theory of Gases* (3e éd.) trad. française par A. Clerc, nos 84 et 85.

tives (110), les énergies cinétique et potentielle sont données par les équations suivantes :

$$T = m_0 C^2[(1 - \beta^2)^{-1} - 1], \qquad V = -\frac{eE}{r} \qquad (118)$$

Comme dans le cas simple considéré auparavant, les équations du mouvement admettent encore l'intégrale première $mr^2\dot\theta = p_1$, où p_1 est une constante ; cette équation exprime la constance du moment de la quantité de mouvement. On trouve ensuite que l'on doit avoir :

$$\left[1 + \left(\frac{eE}{\gamma p_1 C}\right)^2(1 - \varepsilon^2)\right]\left[1 - \frac{W}{m_0 C^2}\right]^2 = 1 \qquad (119)$$

où W est l'énergie de l'orbite changée de signe, ε est l'excentricité et γ est défini par l'équation : .

$$\gamma^2 = 1 - \left(\frac{eE}{p_1 C}\right)^2.$$

Sommerfeld introduit maintenant les restrictions quantiques sous la forme obtenue plus haut (114) et (115.) En négligeant les carrés et les puissances supérieures de $\left(\frac{2\pi eE}{hC}\right)^2$ qui est une petite quantité de l'ordre de 10^{-3}, on trouve que W peut se mettre sous la forme :

$$W = \frac{2\pi^2 m_0 e^2 E^2}{(\tau_1 + \tau_2)^2 h^2}\left[1 + \left(\frac{2\pi eE}{hC(\tau_1 + \tau_2)}\right)^2\left(\frac{1}{4} + \frac{\tau_2}{\tau_1}\right)\right] \qquad (120)$$

Le premier terme de cette expression développée, représente évidemment la valeur de W quand on néglige la correction de relativité, — c'est la valeur de W si C était infinie — et cette valeur conduit au spectre déjà considéré où chaque raie est due à la superposition d'un certain nombre de raies distinctes.

Quand on fait $\tau_2 = 0$ dans (120), on obtient les valeurs de W relatives aux orbites circulaires ; la différence entre ces valeurs et celles que nous avons obtenues plus haut provient de la correction de relativité due à la vitesse de l'électron sur l'orbite circulaire. Dans le cas simple discuté plus haut, le renoncement à la restriction $\tau_2 = 0$ conduisait à de nouvelles valeurs de W. Dans le cas présent, où W est donnée par l'équation (120), on trouve que les valeurs de W correspondant à des valeurs différentes de τ_2, sont toutes distinctes ; elles diffèrent des valeurs de W correspondant aux orbites circulaires de petites quantités qui sont proportionnelles à $\frac{\tau_2}{\tau_1}$. Sommerfeld admet que les différences de fréquences qui résultent de ces petites différences d'énergie, expliquent exactement la structure fine observée des raies spectrales.

L'accord entre les fréquences prévues et observées dans la structure fine des raies ne peut pas être proclamé parfait. Quelques désaccords peuvent être attribués à des difficultés de mesure des structures fines observées, mais à part cela, quelques raies prévues ne sont pas observées du tout, ce qui suggère l'idée que certains ensembles de valeurs de τ_1, $\tau_{2,}$, τ_1' et τ_2' sont entièrement prohibés.

78. Pour nous rendre compte du genre d'accord auquel on est parvenu, considérons le cas de la série de Balmer de l'hydrogène. La raie n de cette série est émise toutes les fois qu'un électron tombe d'une orbite τ_1', τ_2' pour laquelle on a $\tau_1' + \tau_2' = n$, sur une orbite pour laquelle on a $\tau_1 + \tau_2 = 2$. L'énergie de cette orbite-ci, obtenue en posant $e = E$ et $\tau_1 + \tau_2 = 2$ dans l'équation (120) est :

$$W = \frac{2\pi^2 m_0 e^4}{4h^2}\left[1 + \left(\frac{2\pi e^2}{2hC}\right)^2 \left(\frac{1}{4} + \frac{\tau_2}{\tau_1}\right)\right] \qquad (121)$$

et l'énergie de l'autre orbite, soit W', est d'une manière analogue :

$$W' = \frac{2\pi^2 m_0 e^4}{n^2 h^2}\left[1 + \left(\frac{2\pi e^2}{nhC}\right)^2 \left(\frac{1}{4} + \frac{\tau_2'}{\tau_1'}\right)\right] \qquad (122)$$

Si donc ν_0 est la fréquence de la raie correspondant aux orbites circulaires $(\tau_2' = 0,\ \tau_2 = 0)$ la fréquence des raies correspondant à des orbites non circulaires sera donnée par l'équation :

$$\nu = \nu_0 + \frac{2\pi^2 m_0 e^4}{h^3}\left[\left(\frac{2\pi e^2}{n^2 hC}\right)^2 \frac{\tau_2'}{\tau_1'} - \left(\frac{2\pi e^2}{4hC}\right)^2 \frac{\tau_2}{\tau_1}\right] \qquad (12'')$$

La valeur $\tau_2 = 2$ est exclue puisque cela entraînerait $\tau_1 = 0$, et que l'électron passerait à travers le noyau. Les valeurs possibles pour τ_2 et τ_1 sont donc $\tau_2 = 1,\ \tau_1 = 1$ et $\tau_2 = 0,\ \tau_1 = 2$, ce qui donne pour $\dfrac{\tau_2}{\tau_1}$ les valeurs 1 et 0 respectivement. Correspondant à des valeurs assignées à τ_2' et τ_1' il y aura deux valeurs de ν, dont la différence sera :

$$\delta\nu = \frac{2\pi^2 m_0 e^4}{h^3}\left(\frac{2\pi e^2}{4hC}\right)^2 = 0,365$$

et la raie complète doit consister en deux ensembles de même structure, séparés par une différence de fréquences de 0,365. Puisque cela est indépendant de n, il apparaît que la série de Balmer tout entière peut être supposée constituée par des doublets d'écartement constant o,365, chaque constituant de ces doublets ayant sa propre structure fine.

Des mesures d'un aussi faible écartement sont naturellement difficiles, et les résultats de l'observation sont loin d'être concordants. Pour l'écartement du doublet de H_α $(n = 3)$ Michelson a trouvé $\delta\nu = 0,32$ alors que Fabry et Buisson ont trouvé o,3o7, Merton et Nicholson ([1]) o,313, et Merton ([2]) seul au moyen d'une méthode plus précise o,344. Pour H_β, Merton ([2]) a trouvé $\delta\nu = 0,372$ et pour H_γ, Michelson a trouvé $\delta\nu = 0,42$. Tout récemment G. M. Shrum a mesuré les écartements des doublets de H_α, H_β, H_γ, H_δ, et H_ϵ et il a obtenu respectivement o,33, o,36, o,37, o,36 et o,35 avec une erreur probable de o,o1 pour H_β et de o,o2 pour les autres raies ([3]). On peut faire des mesures plus précises sur le spectre de l'hélium chargé positivement, Paschen a déterminé à partir de telles mesures. un écartement égal à o,3645 ± o,oo45. Il paraît donc très peu douteux que l'écartement prévu par Sommerfeld, soit o,365, soit très près de la vérité.

Nous n'avons donné qu'un exemple des résultats de la théorie de Sommerfeld de la structure fine ; on trouvera un grand nombre d'autres exemples avec une discussion complète de leur accord avec l'expérience dans le livre de Sommerfeld : La constitution de l'atome et les raies spectrales (Librairie A. Blanchard).

Les effets Stark et Zeeman.

79. Quand l'atome est placé dans un champ électrique les raies superposées prévues par la théorie simple du § 75 sont séparées et cela avec un écartement qui, dans le cas d'un champ intense, peut être beaucoup plus grand que la séparation permanente produite par la correction de relativité. C'est le phénomène connu sous le nom d'effet Stark. La valeur de cet écartement prévue par la théorie des quanta, en utilisant les mêmes équations quantiques que nous avons déjà employées a été calculée par Epstein ([4]) et elle s'est trouvée en excellent accord avec l'observation ([5]).

(1) *Proc. Roy. Soc.* 93. A, p. 27 (1917).
(2) *Proc Roy. Soc.* 97. A. p. 318 (1920).
(3) *British Assos.* (1923) Pres. Address, section A.
(4) *Ann. der Phys.*, 50. p. 489 (1916). [Pour un exposé en français, *cf.* La traduction du livre de Sommerfeld, ou la traduction, du livre de Jeans *Dynamical Theory of gases*, §§ 548 et suiv., (Lib. A. Blanchard) N. d. T].
(5) Cf. aussi N. A. Kramers, *Zeitschr. f. Phys.* 3, p. 199 (1920).

On peut obtenir une séparation plus large encore en plaçant l'atome dans un champ magnétique intense; on obtient ainsi l'effet Zeeman. Une théorie de cet effet, conforme à la dynamique quantique a été donnée par Sommerfeld [1] et Debye [2] et elle s'est trouvée, dans ses grandes lignes, en accord satisfaisant avec l'expérience. Cette théorie emploie des conditions quantiques du type que nous avons considéré, sauf que les coordonnées sont supposées définies par rapport à un système d'axes en rotation lente. Récemment, W. Wilson [3] a montré qu'on peut renoncer aux axes mobiles en prenant les conditions quantiques sous une forme légèrement plus générale, et la théorie a été développée plus loin par Mosharrafa [4]. On trouvera plus de détails sur les effets Stark et Zeeman dans le livre de Sommerfeld.

Le principe de correspondance de Bohr.

80. Nous avons trouvé au § 64 que les problèmes que nous avions discutés d'une façon détaillée apparaissaient gouvernés par des lois générales que nous exprimions par les équations :

$$2\overline{T} = \tau h\nu, \qquad (\tau = 1, 2, 3, \ldots) \qquad (124)$$

$$\Delta W = \pm\, h\nu. \qquad (125)$$

Nous avons continué autant qu'il était possible pour notre but par la généralisation de l'équation (124) ; nous allons dorénavant considérer l'équation (125). Bohr a montré que cette équation admet une interprétation dans le cas spécial où ΔW est si petit qu'on puisse l'assimiler légitimement à une différentielle.

L'équation (124) se rapporte à un système qui a un mouvement périodique de période $\sigma = \dfrac{1}{\nu}$, ce mouvement étant régi par la mécanique classique, c'est-à-dire que, si E est l'énergie totale exprimée sous la forme (105), on aura :

$$\frac{dp_s}{dt} = -\frac{\partial E}{\partial q_s} \qquad \text{et} \qquad \frac{dq_s}{dt} = \frac{\partial E}{\partial p_s} \qquad (126)$$

En restant toujours dans les conceptions de la mécanique classique, imaginons que nous passions à un mouvement légèrement différent d'énergie $E + \delta E$ et de période $\sigma + \delta\sigma$. Écrivons :

$$I = \frac{2\overline{T}}{\nu} = 2 \int_0^\sigma T\,dt = \int_0^\sigma \Sigma p_s \dot{q}_s\,dt,$$

(1) *Phys. Zeitschr.*, 7, p. 1491 (1916).
(2) *Phys. Zeitschr.*, 17, p. 507 (1916).
(3) *Proc. Roy. Soc.* 102, A. p. 478 (1923).
(4) *Proc. Roy. Soc.* 102, A, p. 529 (1923).

et supposons que dans le mouvement varié I devienne $I + \delta I$. On trouve par le calcul des variations :

$$\delta I = \int_0^\sigma \Sigma(\dot{q}_s \delta p_s + p_s \delta \dot{q}_s)dt + (\Sigma p_s \dot{q}_s)_{t=\sigma}\delta\sigma$$

$$= \int_0^\sigma \Sigma(\dot{q}_s \delta p_s - \dot{p}_s \delta q_s)dt + (\Sigma p_s \delta q_s + \Sigma p_s \dot{q}_s \delta\sigma)_{t=\sigma}.$$

Puisque $\delta\sigma$ est donné par la relation :

$$\delta q_s + \dot{q}_s \delta\sigma = 0 \quad \text{quand} \quad t = \sigma,$$

le dernier terme s'annule, alors que l'intégrale devient, d'après (126) :

$$\delta I = \int_0^\sigma \Sigma\left(\frac{\partial E}{\partial p_s}\delta p_s + \frac{\partial E}{\partial q_s}\delta q_s\right)dt = \int_0^\sigma \delta E dt. \qquad (\mathbf{127})$$

Puisque E et $E + \delta E$ restent constants pendant la durée du mouvement, δE sera indépendant du temps et l'on a, au lieu de (127),

$$\delta I = \sigma \delta E \qquad (128)$$

Supposons maintenant que le système saute soudain du mouvement d'énergie E au mouvement adjacent d'énergie légèrement différente $E + \delta E$, le saut étant supposé si faible que le calcul des variations puisse s'appliquer légitimement. La fréquence ν_R du rayonnement qui doit être émis d'après l'équation (125) sera :

$$\nu_R = \frac{\delta E}{h},$$

ou, d'après (128), en remplaçant ν par $\dfrac{1}{\sigma}$,

$$\nu_R = \nu\frac{\delta I}{h}. \qquad (129)$$

L'équation (124) qui définit les mouvements possibles est équivalente à

$$I = \tau h$$

Nous pouvons supposer que

$$I + \delta I = \tau' h$$

et l'on voit, dès lors, que la condition pour que le calcul différentiel puisse être applicable est que τ' doit différer seulement d'une manière infinitésimale de τ, c'est-à-dire que $\tau' - \tau$ doit être insignifiant en comparaison de τ. Puisque $\tau' - \tau$ doit être un entier, cette condition ne peut être satisfaite que si τ est très grand, de sorte que notre analyse n'est applicable qu'aux mouvements impliquant un très grand nombre de quanta.

En posant $\delta I = (\tau' - \tau)h$, l'équation (129) devient

$$\nu_R = (\tau' - \tau)\nu, \qquad (130)$$

ce qui montre que la fréquence de la radiation émise est égale à $(\tau' - \tau)$ fois la fréquence des oscillations du système.

81. Une illustration simple de ce théorème général est fournie par le spectre de l'hydrogène. Si un électron saute d'une orbite qui possède τ quanta à une orbite qui possède τ' quanta, la fréquence de la radiation émise d'après la dynamique quantique (cf. § 37) est

$$\nu_R = N\left(\frac{1}{\tau^2} - \frac{1}{\tau'^2}\right)$$

où N est la constante de Rydberg. Si τ et τ' sont deux grands nombres, $\tau' - \tau$ étant petit en comparaison, on peut écrire cela sous la forme :

$$\nu_R = (\tau' - \tau)\,\frac{2N}{\tau^3} \tag{131}$$

et l'on voit immédiatement [cf. équation (571)] que $\dfrac{2N}{\tau^3}$ est précisément la fréquence avec laquelle l'orbite primitive est décrite, ce qui est bien en accord avec le théorème démontré.

82. Ce théorème est important en ce qu'il semble fonder quelque possibilité de voir jeter un jour un pont par dessus l'abîme qui sépare la mécanique classique de celle des quanta. D'après la mécanique classique, un système oscillant avec une fréquence ν contient un certain nombre d'électrons chargés, chacun d'eux oscille avec la fréquence ν et l'accélération de ces électrons cause l'émission du rayonnement. En général, toute coordonnée ξ d'un électron quelconque peut s'exprimer d'après le théorème de Fourier par une série de termes harmoniques, sous la forme :

$$\xi = \Sigma A_s \cos\,(2\pi s\nu t - \varepsilon_s) \tag{132}$$

$(s = 1, 2, 3,...)$, d'où l'on voit immédiatement que le rayonnement émis a les fréquences

$$\nu, 2\nu, 3\nu,...$$

Or ce sont précisément les fréquences du rayonnement prévues par l'équation quantique (130).

Il apparaît donc que, dans le cas limite d'un système qui possède un très grand nombre de quanta d'énergie, le spectre prévu par la mécanique quantique est identique, du moins pour ce qui concerne les fréquences des vibrations, au spectre prévu par la mécanique classique.

Le « principe de correspondance » de Bohr postule alors — hypothèse qu'on abandonnera si elle est en désaccord avec l'observation —

que l'intensité des raies dans le spectre quantique est semblable à celle qui serait prévue dans le spectre donné par la mécanique classique. Bohr suggère de plus que cette « correspondance » en intensité persiste, dans tous les cas comme une approximation, ailleurs que dans les domaines où le système possède un très grand nombre de quanta d'énergie, c'est-à-dire persiste, dans les régions où les fréquences calculées par la théorie des quanta ne coïncident pas avec celles qui sont calculées par la mécanique classique.

83. Un unique exemple, donné par Bohr ([1]) illustrera la méthode d'application de ce principe. Un oscillateur simple de fréquence ν_0, peut d'après la théorie des quanta, avoir des énergies dont les valeurs sont :

$$E = h\nu_0,\ 2h\nu_0,\ 3h\nu_0,\dots$$

Si le système est libre de sauter de toute valeur de E à une valeur plus petite, les fréquences du rayonnement émis, calculées par la dynamique des quanta $(\Delta E = h\nu)$ seront

$$\nu = \nu_0,\ 2\nu_0,\ 3\nu_0\dots \tag{133}$$

Or si le système exécute une vibration harmonique simple, la coordonnée d'une particule mobile quelconque, analysée par la méthode de Fourier d'après l'équation (132) ne contiendra qu'un seul terme périodique, et celui-ci sera de la fréquence ν_0. Ainsi la dynamique classique prévoit que le rayonnement émis sera de fréquence unique ν_0.

La théorie des quanta a prévu, comme nous venons de le dire, des rayonnements de fréquences ν_0, $2\nu_0$, $3\nu_0$, mais elle ne prévoit rien de ce qui concerne l'intensité de ces rayonnements. Le principe de correspondance, tel que Bohr l'emploie, prévoit que les intensités des raies de fréquences $2\nu_0$, $3\nu_0$, doivent toutes être nulles afin de « correspondre » avec les prédictions de la mécanique classique.

La meilleure approximation d'un oscillateur harmonique simple est probablement réalisée par la molécule diatomique, et pour beaucoup de telles molécules, la fréquence de la vibration fondamentale est mise en évidence par une raie d'absorption bien marquée dans l'infra-rouge. Une confirmation significative du principe de Bohr se trouve peut être dans le fait qu'aucune raie d'absorption ne s'observe avec des fréquences deux, trois... fois plus grande que la fréquence de cette raie.

____

([1]) « On the Quantum theory of spectra », *D. Kgl. Vidensk, Selsk. Skrifter*, Part 1., p. 16 (1918).

Le « principe de correspondance » est susceptible de beaucoup d'applications, dont un certain nombre s'accordent remarquablement avec l'observation. Il en a été dit assez peut-être pour expliquer la signification générale du principe ; le lecteur trouvera des applications particulières ailleurs, spécialement dans les travaux de Bohr et de Sommerfeld, qui ont été cités dans le présent chapitre (1).

(1) *Cf.* aussi E. Buchwald, Das Korrespondenz prinzip, Braunschweig, 1923 (N. d. T.)

CHAPITRE VIII

LA BASE PHYSIQUE DE LA THÉORIE DES QUANTA

84. Les chapitres précédents ont donné un sommaire des principales preuves expérimentales sur lesquelles se fonde la théorie des quanta, et un exposé de quelques analyses mathématiques en relation avec elle. Il n'a pas été possible, d'aucune manière, de représenter complètement la théorie des quanta par un ensemble d'équations mathématiques ou de concepts physiques. Les indications générales qu'on en tire sont que les processus les plus minutieux de la nature sont gouvernés par un système de lois mécaniques différent de celui des lois classiques, exprimables par des équations où la constante quantique h joue un rôle essentiel. Mais ces équations générales restent inconnues, et tout ce qu'on a pu découvrir, c'est la forme qu'elles affectent dans des cas particuliers.

Il est cependant hors de discussion que la théorie des quanta a révélé dans la nature une certaine atomicité, insoupçonnée de l'ancienne mécanique. Dans la forme que Planck avait primitivement donnée à la théorie des quanta, cette atomicité était en effet une atomicité de l'énergie, quoique cette conception ne fût pas exactement utilisée par Planck. Mais l'atomicité était dépendante de la fréquence des vibrations dans lesquelles l'énergie était approvisionnée, et elle paraissait avoir peu ou pas de signification, sauf relativement à des vibrations absolument monochromatiques. Il est plus naturel de supposer que la véritable atomicité, si elle existe, se trouve dans quelque autre entité mesurée par h, ou par quelque fonction de h et des constantes naturelles. La constante h a les dimensions d'une énergie multipliée par un temps, c'est une action. Une tentative d'imaginer un

univers où l'action est atomique, conduit l'esprit à un état de confusion désespérée, mais il n'y a pas de raison de penser que l'ultime
atomicité physique est celle de l'action. Les équations classiques de la
dynamique peuvent s'obtenir en écrivant que $\delta A = o$, A étant
l'action, supposée capable d'être variée continuement. Le mouvement
d'un système gouverné par la mécanique des quanta apparaît donc se
conformer à la loi $\delta A = o$, du moins pendant la plus grande partie
du mouvement; mais un mouvement pour lequel les valeurs de A,
calculées après que la condition $\delta A = o$ a été satisfaite, sont des
multiples entiers de h, paraît avoir des propriétés spéciales. Nous ne
savons pas si des multiples non entiers de h sont absolument prohibés;
il est peut-être plus probable que la différence soit moins radicale, les
mouvements caractérisés par des multiples entiers de h possédant une
qualité de permanence qui est absente quand on n'a pas à faire à des
multiples entiers. Si cela est, la différence entre les mouvements à
multiples entiers et à multiples non entiers de h peut être comparée
peut-être, très librement, à celle qui existe entre les composés stables
et les composés instables de la chimie.

85. La quantité hV a les dimensions du carré d'une charge électrique. En fait, $\dfrac{h}{2\pi}$ est à très peu près égal à $(4\pi e)^2$ c'est-à-dire au
carré de l'intensité d'un tube de force joignant deux électrons. Cela
suggère l'idée que l'atomicité de h peut être associée à l'atomicité de
e. L'atomicité de e ne conduira pas à la théorie des quanta, car si cela
était, la théorie des quanta aurait été complètement développée depuis
longtemps; mais il y a peut-être quelqu'espoir que les deux atomicités puissent être des aspects particuliers de quelque principe plus
général que chacun d'eux. Il faut rappeler que l'atomicité de e n'a
jamais reçu d'explication physique; elle n'est en aucune manière
impliquée par les équations classiques de Maxwell, et l'on ne connaît
aucune raison qui explique pourquoi un électron de charge $\dfrac{1}{2}e$ ne
saurait exister. Une tentative de ramener l'atomicité de e à la structure
d'un éther hypothétique met simplement en évidence le fait que les
équations fondamentales de l'éther ne sont pas complètement
connues encore; elle implique que si elles étaient complètement
connues, on pourrait s'attendre à ce qu'elles continssent la quantité e,
et cela est peut-être la même chose que de dire qu'elles contiendraient

la quantité h. Il se pourrait que si ces équations étaient complètement connues, elles impliquassent la théorie des quanta. Si $\dfrac{h}{2\pi}\,\mathrm{V}$ est la même chose que $(4\pi e)^2$, un essai pour donner une explication physique de la théorie des quanta pourrait être fondé sur l'atomicité et l'existence discrète de tubes de force d'intensité $4\pi e$, idées que les écrits de Sir J.J. Thomson nous ont rendues familières (¹). La principale raison alléguée par Sir J. J. Thomson en faveur d'une structure « corpusculaire » ou « atomique » d'un champ de rayonnement provenait de l'étude de l'ionisation des gaz par les rayons X. On remarquait que l'ionisation était la même que celle qu'on aurait attendue de l'hypothèse que les rayons X ne se propageassent pas suivant la théorie ondulatoire de la lumière, mais qu'ils se mussent avec leur énergie concentrée en certaines régions petites et nettement définies. On sait maintenant que l'ionisation produite par les rayons X est due à l'activité intermédiaire des rayons β, et cela change quelque peu le problème.

La question devient dès lors la suivante : comment les rayons X, s'ils ne sont pas concentrés, peuvent-ils produire des rayons β comme il convient? et c'est un problème qui est identique à celui de l'effet photo-électrique discuté au chapitre V. Mais avant que l'identité des deux problèmes soit devenue claire, une étude du phénomène photo-électrique avait conduit Einstein à imaginer l'hypothèse des « quanta de lumière » (cf. § 47), hypothèse semblable à beaucoup d'égards à celle de J. J. Thomson sur les tubes de force discrets. L'hypothèse d'Einstein nous faisait admettre que la lumière voyagerait en « paquets » séparés très concentrés et indivisibles, chacun contenant un quantum d'énergie.

86. Cette hypothèse n'a pu entraîner l'adhésion à cause du conflit évident qu'elle soulève avec les principes bien établis de la théorie ondulatoire de la lumière. Par exemple, Lorentz disait : (²).

« Il faut concéder maintenant, je pense, que les quanta ne peuvent pas avoir d'existence individuelle et permanente, dans l'éther, qu'ils ne peuvent pas être regardés comme des accumulations d'énergie dans certains espaces minuscules se déplaçant avec la vitesse de

(1) Recent Researches in Electricity and Magnetism, chapitre I (1892) et des livres plus récents.
(2) Discussion sur le Rayonnement, au Congrès de Birmingham de la British Association (1913); cf. aussi un court article, de Lorentz aussi, Die Hypothesen der Lichtquanten, *Phys. Zeitschr.*, 11, p. 349 (1910)..

la lumière. Cela serait en contradiction avec maints phénomènes bien connus d'interférences et de diffraction. Il est clair que si un rayon de lumière consistait en quanta distincts, qui, sans doute, devraient être considérés comme mutuellement indépendants et sans connexion, les franges brillantes et sombres auxquelles ils donnent naissance, ne pourraient jamais être plus tranchées que celles qui seraient produites par un quantum unique. Par conséquent, si par l'emploi d'une source de lumière approximativement monochromatique, nous réussissons à obtenir des bandes d'interférence distinctes, nous pouvons conclure que chaque quantum contient une suite régulière de quelque chose comme des ondes, et qu'il s'étend par conséquent sur une longueur tout à fait appréciable, dans la direction de propagation. Semblablement, la supériorité d'un télescope de large ouverture sur un instrument plus petit, en tant qu'elle consiste en une plus grande netteté de l'image, ne peut se comprendre que si chaque quantum individuel peut remplir l'objectif entier. Ces considérations montrent que, dans tous les cas, un quantum doit avoir une grandeur qui ne peut pas être appelée très petite. On peut ajouter que, d'après les équations de Maxwell du champ électro-magnétique, une perturbation initiale dans l'équilibre doit toujours se propager dans un espace continuellement croissant ».

Ces objections à une théorie de « quanta de lumière » discrets paraissent être certainement insurmontables. On peut ajouter que la question de l'existence de quanta indivisibles dans l'éther a été éprouvée directement, ou aussi directement que possible, par l'expérience.

Il est clair que si la lumière n'existait qu'en quanta, qui seraient insécables, il ne pourrait y avoir d'interférences qu'en des points où deux ou plusieurs quanta existeraient simultanément. Si la lumière était suffisamment faible l'existence de deux quanta en un point quelconque devrait être un événement très rare, de sorte que tout phénomène dépendant d'une interférence, comme les phénomènes de diffraction, devrait disparaître au fur et à mesure que la quantité de lumière est réduite. G. I. Taylor ([1]) a montré que cela n'est pas le cas ; il réduisait l'intensité de la lumière de telle manière qu'une exposition de 2.000 heures était nécessaire pour obtenir une photographie, et il obtenait encore des photographies de franges de diffrac-

([1]) *Proc. Cambr. Phil. Soc.*, 15, p. 114 (1909).

tion, où l'alternance de lumière et d'obscurité apparaissait avec
une netteté non diminuée. Dans les expériences de Taylor l'intensité
de la lumière était de 10^{-16} erg par centimètre cube, ou d'environ un
quantum de lumière par 10.000 centimètres cubes, de sorte que
si les quanta avaient été concentrés, on n'aurait rien pu observer
de la nature des franges de diffraction. Tout récemment une expérience cruciale de G. P. Thomson ([1]) a conduit au même résultat.

87. Pour ces raisons et pour d'autres encore, il est admis
maintenant en général que, dans des régions où la matière est absente,
le rayonnement se propage suivant les lois classiques de Maxwell.
La loi fondamentale de la dynamique quantique, qui dit que l'énergie
rayonnante est émise et absorbée seulement par quanta complets,
n'est pas interprétée en disant que l'éther ne peut transporter
l'énergie que par quanta complets, mais en disant que c'est la matière
qui ne peut émettre ou absorber l'énergie rayonnante que par quanta
complets. C'est la matière et non pas l'éther ni l'énergie rayonnante,
qui se montre différente de ce que nous en avions pensé.

Il y a d'après cela très peu de raisons pour douter que les équations
de Maxwell

$$\frac{1}{c}\frac{\partial X}{\partial t} = \frac{\partial \gamma}{\partial y} - \frac{\partial \beta}{\partial z}, \quad \text{etc,} \qquad (134)$$

soient vraies avec la théorie des quanta comme elles étaient vraies
avec la vieille dynamique. Mais, dans la vieille dynamique X, Y, Z
avaient une signification très précise; c'étaient les composantes d'une
force, et un électron de charge e placé dans ce champ subirait
l'action d'une force mécanique Xe, Ye, Ze. Dans la dynamique des
quanta cela ne peut pas être la vraie signification de X, Y, Z, car
s'il en était ainsi, un électron placé dans un champ de rayonnement absorberait de l'énergie autrement que par quanta complets.
En effet, nous avions déjà vu au § 10, que l'hypothèse d'après laquelle
un électron placé dans un champ de rayonnement subit l'action
d'une force Xe, Ye, Ze, conduit à la loi de l'équipartition pour la
distribution de l'énergie rayonnante, et cela est en opposition avec
la dynamique des quanta.

88. Il semble possible que l'on puisse faire de réels progrès vers
une compréhension physique de la théorie des quanta en adoptant

([1]) *Proc. Roy. Soc.*, 104 A, p. 115 (1923).

le point de vue d'Einstein dans son mémoire *Zur Quantentheorie der Strahlung* [1], point de vue que nous avons expliqué déjà au § 23 du présent rapport. Dans cette conception, un système dynamique peut sauter d'un état à un autre soit spontanément, soit sous l'action d'agents externes, et il faut évidemment que la dynamique quantique soit en rapport intime avec la probabilité de tels sauts. On peut lever toute contradiction avec la théorie des quanta et en même temps, conserver les équations (134) en supposant que X, Y, Z ou quelque fonction de ces quantités mesure, de quelque manière inconnue encore, les probabilités des variations brusques dans la vitesse, et peut-être aussi dans la position, d'un électron qui forme une partie d'un système atomique.

Dans le cas limite où X, Y, Z ne varient que très lentement avec le temps, le champ total du rayonnement peut être analysé, au moyen des développements de Fourier, en trains d'ondes de très basse fréquence. Pour le rayonnement à basse fréquence, le quantum est très petit, et les sauts quantiques sont si faibles que le mouvement des électrons matériels est très approximativement un mouvement continu. Quand les sauts dans la vitesse de l'électron sont très faibles, il faut qu'ils soient très fréquents pour qu'une variation finie se produise, et au lieu de considérer la probabilité pour qu'un saut se produise en une seconde, il est plus naturel de discuter le « nombre moyen » des sauts par seconde. Mais le « nombre moyen » des sauts par seconde dans la vitesse d'un électron est proportionnel à l'accroissement par seconde de cette vitesse, et ainsi est proportionnel à l'accélération de l'électron. Suivant la mécanique classique, X, Y, Z sont proportionnels à l'accélération de l'électron ; suivant la dynamique des quanta, nous avons vu qu'ils sont proportionnels à cette accélération dans le cas spécial du rayonnement à très grande longueur d'onde, mais qu'ils supposent quelque autre interprétation dans le cas général du rayonnement pour lequel le quantum n'est pas inappréciable. Ainsi donc, la mécanique des quanta doit comprendre l'électrodynamique classique comme un cas particulier approprié au rayonnement de grande longueur d'onde ; ces considérations, expliquent comment la vraie formule du rayonnement du corps noir (formule de Planck) se réduit à la formule de l'équipartition quand la longueur d'onde est très grande.

____

[1] *Phys. Zeitschr.*, 18, p. 122 (1917).

89. Cette suite d'idées nous a fait avancer quelque peu vers une interprétation des processus physiques en œuvre dans les phénomènes quantiques Examinons, pour illustrer cela par un exemple, le phénomène qui est peut-être le plus étonnant de tous pour celui qui ne pense qu'en fonction de la vieille mécanique : l'effet photo-électrique du rayonnement X. Des rayons X de fréquence ν sont produits en un point P et instantanément des particules β sont expulsées d'atomes à des points distants Q, Q', Q'',... Leur vitesse ne dépend que de la fréquence ν des rayons X, suivant l'équation d'Einstein (71)

$$\frac{1}{2} mv^2 = h(\nu - \nu_0)$$

qui, par suite de la petitesse de ν_0 vis-à-vis de ν prend la forme plus simple [cf. § 5o)

$$\frac{1}{2} mv^2 = h\nu \qquad (135)$$

Pour quelques expériences particulières, il est facile de calculer la vitesse à laquelle l'énergie est rayonnée à partir de la source P, et par conséquent d'estimer le temps nécessaire pour qu'une quantité $h\nu$ ou $\frac{1}{2} mv^2$ soit absorbée par un atome en Q. Pour les conditions ordinaires du laboratoire, ce temps est de l'ordre de plusieurs années ([1]) alors qu'en fait l'émission des particules β commence pratiquement à l'instant même.

Du point de vue de l'ancienne mécanique, ce transport d'énergie est entièrement inintelligible. Même la vitesse du transport mise à part, il y a une nouvelle difficulté à imaginer un mécanisme au moyen duquel l'énergie puisse s'emmagasiner dans l'atome jusqu'à ce qu'elle soit soudainement libérée par l'expulsion d'un électron en tant que particule β.

La suggestion a été faite avec une entière candeur du point de vue de la mécanique classique, que ce serait un cas analogue si la chute accidentelle de madriers du bord d'un certain bateau dans la Manche résultait d'une expulsion subite de madriers semblables du bord d'autres bateaux répandus sur l'Atlantique, et si les vitesses de ces derniers madriers égalaient exactement les vitesses des premiers au moment de leur chute dans l'eau.

L'interprétation de la théorie des quanta que nous considérons mainte-

---

([1]) Sommerfeld, trad. française, p. 54.

nant, promet d'apporter au moins un peu d'ordre dans tout ce chaos. Nous pensons que, d'accord avec les équations de Maxwell, les rayons X de fréquence définie ν produits en P doivent se propager dans l'espace sous forme d'ondes sphériques. D'après l'ancienne mécanique, tout effet mécanique de ces ondes est proportionnel au carré de leur amplitude, et inversement proportionnel au carré de la distance. D'après la théorie des quanta, cependant. $\Delta W = h\nu$, de sorte que tout effet mécanique ne dépend que de la fréquence ν. Or d'après les équations de Maxwell, la fréquence ν est une quantité et la seule qu'un train d'ondes transporte sans la changer à toutes les distances. Donc la circonstance que l'énergie des particules β émises est indépendante de leur distance à la source des rayons X apparaît maintenant comme une conséquence directe des équations de Maxwell.

D'après l'électrodynamique classique, l'énergie par unité d'aire sur l'onde dépend du carré de l'amplitude de l'onde, et ainsi elle décroît comme $\dfrac{1}{r^2}$ quand la distance r à la source croît. Puisque l'aire du front de l'onde, croît comme r^2, toute l'énergie de l'onde reste constante et le principe de la conservation de l'énergie est satisfait.

D'après notre point de vue actuel, nous n'avons pas le droit de dire que

$$\frac{1}{8\pi}\,(X^2 + Y^2 + Z^2 + \alpha^2 + \beta^2 + \gamma^2)$$

représente l'énergie par unité de volume, non plus que nous sommes vraiment en droit de penser que l'énergie est localisée dans l'espace libre. Une recherche nouvelle est par conséquent nécessaire pour découvrir ce qu'il advient de la conservation de l'énergie dans la théorie des quanta.

Pour des ondes de très grandes longueurs, le quantum $h\nu$ est infinitésimal et nous pouvons supposer que la mécanique classique est valable dans le cas limite où ν = o. Ainsi si A est l'amplitude à une distance r de la source, l'énergie est transportée par le rayonnement à quelque édifice matériel en quantité proportionnelle à A^2. Si nous divisons l'énergie transportée, tout à fait artificiellement pour l'instant, en paquets de valeurs égales mais arbitraires ΔW, alors la mécanique classique exige que le nombre de paquets d'énergie transportés par unité de temps soit proportionnel à

$$\frac{A^2}{\Delta W} \tag{136}$$

Pour obtenir la mécanique classique exactement, nous faisons $\Delta W = o$. Pour obtenir la mécanique des quanta, nous faisons $\Delta W = h\nu$. Nos paquets artificiels d'énergie deviennent des quanta, et à la place de l'expression (136) nous avons vu que le nombre de quanta d'énergie transportés par unité de temps est proportionnel à $\dfrac{A^2}{h\nu}$. Ou, puisque nous n'examinons pas la possibilité pour un atome unique d'absorber une suite totale de quanta semblables, nous changeons légèrement notre point de vue et nous disons que la probabilité qu'un quantum $h\nu$ d'énergie soit transporté par unité de temps est proportionnelle à $\dfrac{A^2}{h\nu}$.

D'après les équations de Maxvell, $\dfrac{A^2}{h\nu}$ varie comme $\dfrac{1}{r^2}$, de sorte que la probabilité pour qu'un atome absorbe un quantum d'énergie varie d'une manière inverse au carré de sa distance à la source du rayonnement. Nous ne pensons plus qu'une onde sphérique transporte avec elle une provision d'énergie dans chaque élément de son front provisoire, qui est livrée à toute matière rencontrée; nous pensons plutôt que l'onde sphérique transporte avec elle une possibilité, une potentialité de livrer de l'énergie à de la matière rencontrée qui soit dans un état convenable pour recevoir cette énergie. La quantité d'énergie qui peut être livrée reste toujours égale à $h\nu$, mais la chance que cette livraison se fasse, diminue comme $\dfrac{1}{r^2}$. L'espérance mathématique totale que l'énergie soit livrée par le front entier de l'onde dont l'aire est $4\pi r^2$, est par conséquent indépendante de r. La conservation de l'énergie réapparaît maintenant, mais plutôt comme une loi statistique, qui n'est pas nécessairement vraie en tous les cas particuliers et individuels, mais comme un principe qui a la même probabilité d'être vrai que, par exemple, le second principe de la thermodynamique. Nous sommes évidemment très loin de la conception du rayonnement considéré comme de l'énergie qui peut être localisée dans l'espace et qui se meut comme si elle obéissait à la loi du flux de Poynting, mais l'abandon de cette conception ne doit pas causer de regrets.

90. D'après ce point de vue ou tout autre sur la signification du rayonnement, il reste la grande difficulté d'imaginer une structure de la matière telle qu'un atome ne puisse absorber du rayonnement que quand il s'offre en doses spécifiées $h\nu_1$, $h\nu_2$,.. où ν_1, ν_2,... sont, pour autant que nous le savons, des fréquences parfaitement définies.

Relativement à cela, nous pouvons remarquer qu'un électron libre ne peut pas accepter un quantum de rayonnement dans n'importe quelles circonstances. Car si un électron qui se déplace librement avec une vitesse u reçoit un quantum $h\nu$ d'énergie d'un champ de rayonnement, sa vitesse finale v serait donnée par l'équation :

$$\frac{1}{2} mv^2 = \frac{1}{2} mu^2 + h\nu.$$

Pour un observateur qui se déplace avec une vitesse v égale à la vitesse finale de l'électron, cette équation se réduirait à :

$$0 = \frac{1}{2} mu'^2 + h\nu'$$

et la somme de deux quantités essentiellement positives devrait être nulle. Ainsi la plus simple structure qui puisse absorber un quantum d'énergie, est un atome complet, et cela est évidemment vrai aussi en ce qui concerne l'émission.

Dans un atome, il faut supposer les électrons liés au noyau non seulement par les forces électrostatiques, mais aussi par les liens plus rigides de la théorie des quanta, qui contraignent, d'une manière tout à fait inconnue à présent, certaines quantités associées à l'orbite à n'exister que sous forme de quanta complets. La plus simple conception que nous puissions imaginer pour rendre compte de l'absorption et de l'émission d'un quantum d'énergie est que ces liens soient momentanément relâchés, que l'atome entier soit pour cet instant soumis à de violentes métamorphoses et qu'un nouveau système, soumis à de nouveaux liens quantiques, se soit formé à partir des vieux constituants, et soit doté de la quantité d'énergie appropriée. Nous sommes toujours très loin en vérité, de pouvoir achever notre tableau dans tous ses détails, bien que nous sachions que dans le cas limite d'un rayonnement de très grande longueur d'onde, pour lequel les électrons émettants ou absorbants doivent être très distants du noyau et les liens quantiques si faibles qu'on peut les négliger, le processus total devient identique à celui que prévoit la mécanique classique.

91 Si le point de vue duquel nous venons de considérer la question est légitime, alors l'électrodynamique classique et bien entendu aussi la mécanique newtonienne, prennent très naturellement place dans le schéma général que nous nous faisons de la nature. Mais dès que nous

passons au delà de la région très petite couverte par l'électrodynamique classique et la mécanique newtonienne, l'image présentée dans le tableau synthétique par la dynamique des quanta est étrangement inattendue; nous trouvons, ou du moins, pour l'instant, nous pensons trouver que la nature consiste en une série de discontinuités plus ou moins abruptes, bien que justement dans ce coin de l'image que nous avons été capables d'explorer avec quelque précision, ces discontinuités sont si menues et si serrées qu'elles produisent l'illusion de la continuité.

Ce n'est peut-être pas tout à fait une question oiseuse que de rechercher si la surprise que nous avons éprouvée en découvrant la discontinuité, ou l'apparente discontinuité de la nature est philosophiquement légitime, ou si elle provient plutôt de l'inertie de notre esprit.

Si quelqu'un, après avoir examiné le coin d'un dessin se figure que tout le dessin est un dessin au crayon, et en déroulant le tout, s'il trouve que c'est — au contraire — une gravure où le coin qu'il avait examiné premièrement présente seul l'illusion de la continuité, il sera sans doute surpris, mais il ne doit s'en prendre qu'à lui-même car sa surprise a été causée simplement parce que, avec un esprit peu scientifique, il a fait une généralisation trop hâtive, il a supposé que l'invisible serait essentiellement une répétition du visible. Est-ce que sa surprise n'est pas tout à fait analogue à la surprise que les progrès de la théorie des quanta ont excitée en nous ?

La discontinuité supposée peut elle-même être reconnue fausse, les « sauts » pourront être décomposés ou analysés en une suite continue d'étapes. Empruntons une analogie à Poincaré : le premier observateur d'une collision assura que c'était un phénomène discontinu, mais nous savons maintenant que ce qu'il observait est le résultat de changements qui, bien que rapides, sont continus. S'il y a une difficulté véritable d'imaginer que la discontinuité est la règle dernière de la nature, on peut lever cette difficulté en imaginant une espèce de sous-univers telle que les processus apparemment discontinus de la théorie des quanta soient un effet d'une succession rapide de changements continus dans le sous-univers. La conception qu'il y ait une « probabilité » définie d'un « saut » spontané d'un état à un autre d'un système, conception qui est un des traits essentiels des régions que nous avons explorées, peut être imaginée dirigée plutôt dans cette direction. D'autre part, il peut paraître à quelques esprits comme probable que le schéma ultime de la nature se révèle discontinu plutôt que continu.

Le fait que la discontinuité était une solution inattendue du problème
ne doit pas nous prévenir contre la possibilité qu'elle soit la solution
finale. Car l'histoire des sciences enseigne que chaque grand progrès
fait vers une réalité ultime a montré que cette réalité se trouvait dans
une direction tout à fait inattendue.

INDEX DES AUTEURS

TABLE DES MATIÈRES

aréotomie. Nouveau tirage. 1924. 1 vol. in-4 de 16? pp. et
. . . . 20 fr.
relié . . . . 28 fr.

destiné aux élèves des Écoles des Beaux-Arts, artistes et architectes.

POXE. Géométrie pure et géométrie descriptive. 1913, brochure
gr. in-8 de 64 pp. et de fig. . . . . 2 fr.

SOMMAIRE. — [illegible]

C. F. GAUSS. Recherches générales sur les surfaces courbes,
traduites en français, suivies de notes et études sur divers points de la
théorie des surfaces et sur certaines classes de courbes, par E. Roger,
ingénieur au Génie maritime. Deuxième édition. 1910. 1 vol. in-4 de
1?? pp. . . . . 3 fr.

R. KOENIG. Quelques expériences d'acoustique. 1882. 1 vol. gr. in-8
de 2?? pp. et 10 fig. . . . . 15 fr.

SOMMAIRE. — [illegible]

**H. BOUASSE, Professeur à la Faculté des Sciences de Bordeaux. La Question
préalable contre la théorie d'Einstein.** 1923, brochure in-8
de 78 pp. . . . . 1 fr. 50

CH. CORNELISSEN. Les Hallucinations des einsteiniens, ou les
erreurs de méthode des physiciens mathématiciens. 1923, 1 vol. in-8
de 300 pp. . . . . 3 fr. 75

[illegible]

Conférences. Rapports de documentation sur la physique organisées sous le Patronage du Collège de France, du Muséum d'Histoire
naturelle, de la Faculté des Sciences de Paris, de la Direction des Recherches et Inventions, de l'Institut d'Optique, de la Société française de
Physique, de la Société française des Électriciens, de la Société de Chimie
Physique, de la Société de Navigation aérienne.

M. Maurice DE BROGLIE, Docteur ès sciences. Les Rayons X. 1 vol. de
18? pp. et 8 pl. hors texte, gr. in-8, cart. . . . . 15 fr.

M. Léon BRILLOUIN, Docteur ès sciences. Théorie des Quanta. 1 vol.
de 16? pp. gr. in-8, cart. . . . . 15 fr.

**M. Maurice LEBLANC fils, Secrétaire général de la Société française des
Électriciens. L'Arc électrique.** 1 vol. de 1?? pp., cart. . . . 10 fr.

**M. Eugène BLOCH, Maître de conférences à la Sorbonne. Les Phénomènes
thermoioniques.** 1 vol. de 2?? pp. et 10 fig., cart. . . . 10 fr.

**M. G. GUTTON, Professeur à la Faculté des Sciences de Nancy. La Lampe
à trois électrodes.** 2 édit. 1923, ?? pp., cart. . . . . . . 20 fr.

M. G. MAUGUIN, Maître de conférences à la Sorbonne. **La Structure des cristaux**. 1924. 1 vol. de 281 pp. et 135 fig., cart. . . . . 20 fr.

M. L. DUNOYER, Docteur ès sciences. **La Technique du vide**. 1924, 1 vol. de 225 pp. et 80 fig., cart. . . . . 15 fr.

J. BOSLER, Astronome adjoint à l'observatoire de Paris. **L'Évolution des étoiles**. 1924, 1 vol. de 103 pp. et 19 fig . . . . 10 fr.

L'Isotopie et les éléments isotopes, par Mme Pierre CURIE, Professeur à la Sorbonne, 1 vol. gr. in-8, cart., de 210 pp. et 2 pl. hors texte. 22 fr. 50

La Technique des rayons X, par M. DAUVILLIER, Docteur ès sciences, 1 vol. gr. in-8e, cart . . . . 22 fr. 50

Ionisation et résonance des gaz et des vapeurs, par M. Léon BLOCH, Docteur ès sciences, Préparateur à la Sorbonne, 1 vol. gr. in-8e cart . . . . 25 fr.

R. FURON, Préparateur au Muséum d'histoire naturelle. **Tableau géologique**. Une belle planche in-plano de 1 m. 20×0 m. 90 sur beau papier couché, avec reproduction de 100 fossiles caractéristiques . . . 6 fr. 50
Pliée sous carton, format de poche . . . . 10 fr.

PETROVITCH (M.), Professeur à l'Université de Belgrade. **Durées physiques indépendantes des dimensions spatiales**. 1924, brochure de 28 pp. in-8 . . . . 4 fr.

BROCA (Dr A), Professeur de Physique à la Faculté de médecine. **Leçons d'optique physiologique professées à l'Institut d'optique**. 1924, 1 vol. in-8 . . . . 10 fr.

FABRY (Ch.), Professeur à la Sorbonne. **Leçons de photométrie** professées à l'Institut d'optique théorique et appliquée. 1924, 1 vol. in-8 autog., br. . . . . 8 fr.

FABRY (Ch.) Professeur à la Sorbonne. **La Lumière monochromatique, sa production et son emploi en optique pratique**. 1923, br. in-8 de 37 pp. . . . . 3 fr.

FABRY (Ch.), Professeur à la Sorbonne. **Les Applications des interférences lumineuses**. 1923, 1 vol. in-8, br. . . . . 10 fr.

DELMOTTE (G). **Recherches sélénographiques et nouvelle théorie des cirques lunaires** 1923, 1 vol. in-8, br. de 90 pp. et 90 fig. 7 fr. 50

Revue d'optique théorique et instrumentale. Publication mensuelle, abonnement France : 40 francs. Étranger : 50 francs. Prix du numéro mensuel . . . . 4 fr.

CURCHOD (Adr.) Ingénieur diplômé de l'École supérieure d'électricité. **Problèmes d'électrotechnique**, avec solutions développées et applications numériques. 1924, 1 vol. gr. in-8 . . . . 18 fr.

HULLE. **Traité des machines-outils**, traduit sur la quatrième et dernière édition allemande . . . . (Sous presse).

Quemper de Lanascol. — **Géométrie du compas**, avec une préface de M. Raoul Bricard. 1925, 1 vol. in-8 de 406 pages et 288 figures. 14 fr.